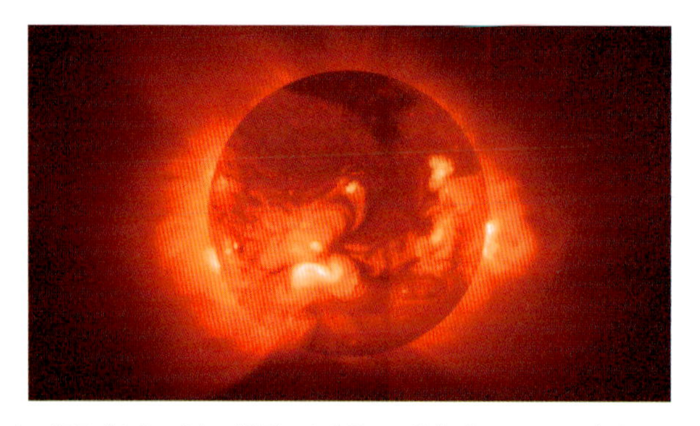

口絵 1　人工衛星「ようこう」が撮影した太陽のX線像（JAXA/NAOJ）（p.5，図 1.1 参照）

口絵 2　猿猴庵随観図会（国立国会図書館デジタルアーカイブ）（p.7，図 1.2 参照）

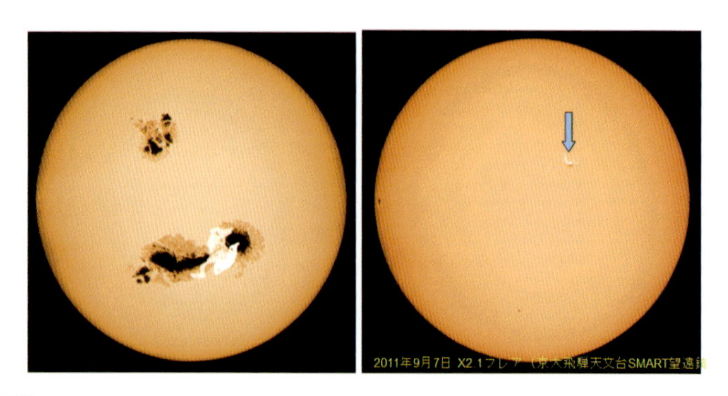

口絵 3　（左）スーパーフレア星の想像図，（右）実際に観測された太陽フレア（X クラスフレア）の可視光画像（京都大学飛騨天文台，2011 年 9 月 7 日）（p.86，図 4.14 参照）

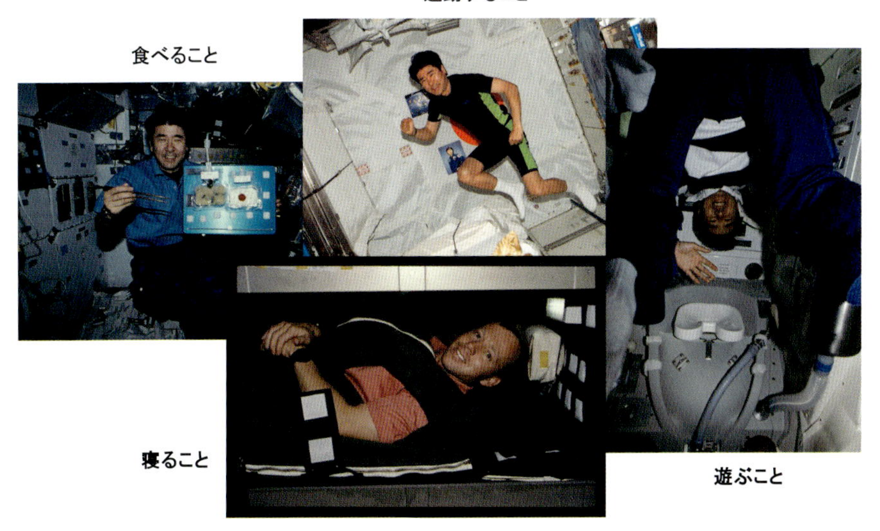

口絵 4　宇宙での暮らし（NASA）（p.35，図 2.11 参照）

口絵 5　2016年5月6日に公表された火星軌道上からの写真
https://www.rt.com/news/342152-mars-nasa-colors-blue/ より（最終確認日 2019.9.5）（p.115，図 6.2 参照）

シリーズ　宇宙総合学　1

編　集　京都大学宇宙総合学研究ユニット

編集委員　柴田一成・磯部洋明・浅井歩・玉澤春史

人類が生きる場所としての宇宙

著　磯部洋明
土井隆雄
坂東麻衣
柴田一成
石原昭彦
寺田昌弘
伊勢田哲治
小山勝二

朝倉書店

● 編集

京都大学宇宙総合学研究ユニット

[編集委員]

柴田一成（しばた かずなり）	京都大学大学院理学研究科
磯部洋明（いそべ ひろあき）	京都市立芸術大学美術学部
浅井　歩（あさい あゆみ）	京都大学大学院理学研究科
玉澤春史（たまざわ はるふみ）	京都市立芸術大学美術学部

● 執筆者（執筆順）

磯部洋明（いそべ ひろあき）	京都市立芸術大学美術学部	（第 1 章）
土井隆雄（どい たかお）	京都大学宇宙総合学研究ユニット	（第 2 章）
坂東麻衣（ばんどう まい）	九州大学大学院工学研究院	（第 3 章）
柴田一成（しばた かずなり）	京都大学大学院理学研究科	（第 4 章）
石原昭彦（いしはら あきひこ）	京都大学大学院人間・環境学研究科	（第 5 章）
寺田昌弘（てらだ まさひろ）	京都大学宇宙総合学研究ユニット	（第 5 章）
伊勢田哲治（いせだ てつじ）	京都大学大学院文学研究科	（第 6 章）
小山勝二（こやま かつじ）	京都大学名誉教授	（あとがき）

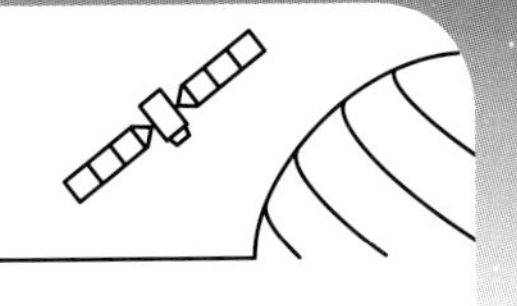

まえがき

1969年7月21日（日本時間），アポロ11号の月着陸船に乗ったアームストロング船長とオルドリン宇宙飛行士は，人類初の月着陸に成功しました．今年はアポロ月着陸50周年の記念の年になります．編集委員の一人の柴田は，当時中学3年生で夏休みのクラブ活動をさぼって家で月着陸のテレビ実況中継を見ていました．アームストロング船長の歩き方が地球とは異なってゆっくり飛ぶような歩き方で，重力の弱さを示しており，本当に月面を歩いている，ついに人類が他の天体に行く宇宙時代が来たのだ，と感動したことを覚えています．

さて，その後，西暦2001年頃には木星あたりに行っているはずだった（映画「2001年宇宙の旅」）のが，そうならなかったのはみなさんご存じの通りです．それだけ人類の宇宙進出は，技術的・経済的な困難が大きかったのです．しかしながら，人類の宇宙進出は少しずつ進み，国際宇宙ステーションの建設まで到達しました．一方，人工衛星を用いた人類の宇宙利用は著しく発展し，通信衛星や気象衛星，GPSなど，いまや宇宙なしには，人類の現代社会を維持するのは困難なほどです．そして，いよいよ民間人も本気で宇宙開発に乗り出す時代となりました．

このような時代にあって，未来の人類の本格的な宇宙進出のために，私たちは何をすべきなのか，大学人は「人類の宇宙進出にとって解決すべき諸問題」を学問として追究すべきではないか．そのような新しい学問を「宇宙総合学」と名付け，京都大学の様々な分野，理工系のみならず，医学生物系から人文社会系にいたるまで，あらゆる分野の（宇宙に興味を持つ）研究者が「人類の宇宙進出」に関する諸問題を解決するために「ゆるく」集まってできた組織が京都大学の「宇宙総合学研究ユニット」（通称：宇宙ユニット）でした．宇宙ユニットの発足の経緯については，初代ユニット長の小山勝二さん（京都大学名誉教授）が興味深い宇宙ユニット誕生秘話を，あとがきに書かれていますので，ぜひお読みください．

本書をはじめとする全4巻のシリーズは，そのようにして2008年に発足した宇宙ユニットの参加教員が中心となって，2009年から毎年開講してきた京都大学の全学1，2回生向けの講義「宇宙総合学」の講義録などが基になってできたものです．

「宇宙総合学とは何か」については，本書の第1章で，編集委員の一人であり宇宙ユニットの最初の専任教員（特定助教，のち特定准教授）だった磯部洋明（現・京都市立芸術大学准教授）が大変わかりやすく説明しています．宇宙飛行士の土井隆雄さんは，2016年から京都大学宇宙ユニットの専任教員（特定教授）に着任し，第2章でご自身の経験もふまえ「日本の有人宇宙活動」を解説くださいました．第3章は，宇宙ユニット初期の専任教員（特定助教）の一人だった坂東麻衣さん（現・九州大学准教授）による「宇宙機の軌道設計」です．太陽系内における宇宙機の軌道設計が，小惑星や彗星の軌道計算と同じ数学理論に基づいていることが解説されます．第4章は編集委員の一人の柴田一成（京都大学理学研究科教授）が「太陽の脅威とスーパーフレア」と題して，太陽表面の爆発（フレア）は地球環境や社会，人類の宇宙進出にいかなる影響を及ぼすか，数千年に一度というスーパーフレアは太陽で起きるのか，起きたら地球はどうなるのか，解説します．第5章では，石原昭彦さん（京都大学人間・環境学研究科教授）と寺田昌弘さん（宇宙ユニット特定准教授）が，「宇宙医学・生理学—宇宙でのからだの反応」というタイトルで，無重力の宇宙ステーション中で宇宙飛行士のからだはどう変化するのか，興味深い実例や研究成果を報告いただきます．最後の第6章では，伊勢田哲治さん（京都大学文学研究科准教授）が人類の宇宙進出，危険な宇宙旅行や天体への移住，天体環境改変などは倫理学的に許されるのか，そのような倫理問題を考察するためにはどのような考え方をすべきか，「宇宙倫理—宇宙への進出をめぐる倫理問題」と題して解説いただきます．

本書の内容の多くは最先端の研究成果に基づいていますが，意欲的な中学生・高校生や大学初年生であれば理解できるように，できるだけ予備知識がなくても読み進められるように書かれています.「宇宙総合学」の講義を担当するとともに，本書の分担執筆にご協力いただいた共著者の方々に深く感謝します．また，本書の出版にあたっては，朝倉書店の方々には，企画当初から何から何まで本当にお世話になりました．辛抱強くここまでご支援ご協力いただきましたことを，心より感謝申し上げます．

本書を読んだ若者たちの中から人類の未来の宇宙進出を担うリーダーやパイオニア，宇宙関連の企業家・政治家・研究者・教育者が多数出現するようになれば，編集委員の喜びこれにまさるものはありません．

2019年11月

編集委員　柴田一成・磯部洋明・浅井　歩・玉澤春史

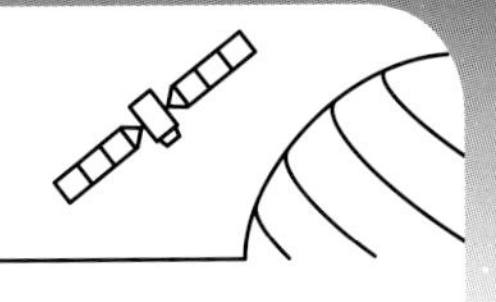

目　次

chapter 1

宇宙総合学とは何か

磯部洋明

宇宙に関する学問は，天文学や宇宙工学といった理工系のみならず，生命科学や人文社会科学にまで広がりつつあります．また，一見あまり関係がないように見える学問分野の交流から新しい研究が生まれてきています．京都大学宇宙総合学研究ユニットで異分野の研究者が出会うことから生まれた様々な新しい宇宙研究にどのようなものがあり，それらがお互いにどのようにつながっているのかを紹介しながら，「宇宙総合学」という学問が何を目指そうとしているのか，その大まかな全体像を紹介するのが本章の目的です．

1.1 あらゆる分野に広がる宇宙の研究

この本を手にとった方は，多かれ少なかれ宇宙やそれを対象とした研究に関心をもっておられることと思います．それでは宇宙の研究と聞いてどのようなものを思い浮かべるでしょうか．

多くの人はまず銀河，ブラックホールなどの様々な天体や，ビッグバンなどこの宇宙全体の成り立ちを研究することを思い浮かべると思います．これらの学問は天文学や宇宙物理学とよばれ，多くの大学では理学部で研究されています．この世界はどのようにしてできたのか，広大な宇宙にはいったい何があるのかといった，何かを知りたいという好奇心を追求する学問です．これに対し，ロケットや人工衛星などによる宇宙開発を思い浮かべる人もいると思います．大学では主に工学部に属する研究です．まだ人類が手にしていない新しい技術をつくり出し，それによっていままでできなかったことをできるようにするのが，工学の研究です．

もちろん，理学と工学の研究はまったく別のものというわけではありません．理学的な研究で明らかになった現象が工学に応用されて新しい技術を生み出すこともあるし，工学的な研究で生み出された技術による新たな発見が理学の研究を大きく進めることもあります．自然科学の多くの分野で，理学と工学は互いに助け合う車の両輪のようなものであり，理学と工学の間を行ったり来たりしている研究者も大勢います．宇宙の研究もまた例外ではありません．

大学で宇宙の研究をしているのは，理学部や工学部の研究者だけではありません．たとえば，地球上と異なる宇宙の環境で宇宙飛行士の健康を維持するにはどうしたらよいかを医学部の研究者たちが研究しています．また，将来的に宇宙で食物を栽培するための宇宙農業の研究を農学部の研究者たちが研究しています．医学や農学といったもともと宇宙とはまったく関係のなかった分野が，人間が宇宙を利用し，またみずから宇宙へ行くようになったことで，宇宙と関係するようになってきたのです．ここでぜひ知っておいてほしいことは，宇宙医学や宇宙農学といった研究の意義が，「人間が宇宙に行くために必要であり役に立つ」にとどまらないということです．宇宙医学や宇宙農学の研究を通して，微小重力や放射線といった宇宙特有の環境が人間や動物の身体，植物の成長にどのような変化を引き起こすかを調べることは，生命とはどのように成り立っているのかというもっと根元的な問いにもつながっています．先ほどの理学的研究と工学的研究の比較を思い出してみましょう．医学や農学の研究は，人々の健康や食糧の生産といった価値を実現することを大きな目的としている点では工学的な研究に近いと言えます．しかしその中にも，何かを知りたい，明らかにしたいという知的好奇心に支えられた側面があるのです．

宇宙空間で生命が生きてゆけるかという問いは，他の星にも生命はいるだろうか，私たちと話ができるような宇宙人がいるのだろうか，という多くの人が一度は考えたことがある問いにつながります．最近20年ほどの天文学における最大の進展の一つは，太陽系以外の恒星にも惑星が存在し，しかもその中には地球のような環境，すなわち液体の水をもち生命生存が可能な環境をもつ惑星も数多くあることを発見したことです．地球外生命探査はいまや天文学の最大の科学目標の一つになっており，それは私たち地球上の生命に起源を探る研究にもつながるものです．

たとえ地球外生命が発見されなくとも，私たち人間が他の生命も連れて宇宙へ出てゆくかもしれません．ソビエト連邦の宇宙飛行士，ユーリー・ガガーリン（Yurii A. Gagarin）が人類で初めて宇宙へ行ったのは1961年のことですが，いまでは国際宇宙ステーション（ISS: International Space Station）に常時宇宙飛行士が滞在しています．また，米国のNASA（米国航空宇宙局）や日本のJAXA（宇宙航空研究開発機構）のような国の機関だけではなく，民間企業による独自の宇宙開発も盛んになってきています．人間の活動が宇宙空間に広がれば，それにともなって人間や社会に関わる問題が現れてきます．そこで必要となるのが，人文・社会科学系，いわゆる文系の学問です．

たとえば，多くの人が宇宙空間で活動する際に必要なルールは，誰がどのように決めたらよいのか？　もし宇宙で犯罪的な行為が起きたらそれはどの法律で裁かれるのか？　といった問題は，法学分野の問題になります．宇宙法，すなわち宇宙における法律は，宇宙に関する人文・社会科学系学問としてはもっとも盛んに研究されている分野の一つです．また，宇宙のようなこれまでとまったく違う状況に適用するための新しい法律をつくるためには，そもそも私たちは何に価値を置き，何をなすことを善とするのかという根元的な問題から考え直さなければならないことがあります．たとえば他の惑星の環境を人間が変えてしまってよいのか，宇宙空間にある資源は誰のものと考えるべきなのかといったことです．このような問題を考えるのが，宇宙倫理学という新しい研究分野です．

このように宇宙の人文・社会科学は，人類の宇宙進出にともなう様々な現実的問題を解決するために必要な研究です．しかしそれだけが宇宙の人文・社会科学の意義ではありません．人文・社会科学にもまた，人間とは，社会とはどのようなものかを知りたいという，それぞれの学問がもつ純粋な好奇心に駆動される問題意識があります．宇宙という新たな環境における人間とその社会の振る舞いは，人間や社会を理解したいという人文・社会科学にとって格好の観察対象となるでしょう．

このように宇宙の研究は，理工系から人文・社会科学系にわたる，あらゆる学問分野に広がっています．ならば，「宇宙」をキーワードに学問分野の枠を超えて，理学，工学，文学など様々な分野の研究者が集まったら面白いことが起きるのでは？　京都大学の研究者たちが2008年に宇宙総合学研究ユニット（通称：宇宙ユニット）をつくった背景がそこにあります．大学における通常の学部・研究科と違い，宇宙ユニットは京都大学の様々な学部・研究科に所属する研究者が緩やかにつながったグループです．

本シリーズは，宇宙ユニットで行われている様々な研究を紹介するものです．個別の研究を深く知るにはそれぞれの章を読んでいただくとして，ここでは，宇宙ユニットの様々な研究がどのようにして生まれ，それが互いにどのように関係しているか，その一端をご紹介したいと思います．

1.2 すべてがつながる宇宙の研究

本節では，京都大学宇宙ユニットで行われている研究の中から，異分野の協力による「学際的」な研究で，かつ私の関わりが深いいくつかの研究を紹介してゆきます．その狙いは2つあります．一つは，本シリーズに収録されている様々な研究の間のつながりを知ってもらうこと，もう一つは，異分野の出会いから新しい研究が生まれ，ダイナミックに研究が展開してゆく様子を感じてもらうことです．

本節で紹介する研究はどれも「宇宙総合学的な」研究といえるものです．しかしその中には，読者のみなさんが聞いたこともないような分野同士のコラボによるまったく新しい研究といえるものもあれば，学際的とはいえ従来の研究分野の範囲に収まっているものもあります．ではどこまでが「宇宙総合学」なのでしょうか？

学際性，つまり従来の研究分野を超えて異分野が協力することは，とても有益で楽しいことですが，学際的であることそれ自身が研究の目的ではありません．宇宙ユニットの研究者たちも，自分たちがやっている研究が「宇宙総合学」に含まれるのかどうかを考えて研究しているわけではなく，みなそれぞれの知的好奇心や問題意識に沿って研究しています．なので，「この研究は宇宙総合学なのか」という問いはあまり意味をなさないと，少なくとも私は考えています．それでも，面白いと思うことがあれば自分の専門分野にかかわらず積極的に首を突っ込み，異分野から新しいことを学ぶのを楽しむ，そんな自由な研究者たちが集まって新しい研究を立ち上げてゆく様子には，京都大学の伝統である「自由の学風」に育まれた「宇宙総合学らしさ」あるいは「宇宙ユニットらしさ」みたいな何かがあるのではないかな，とも思っています．

1.2.1 太陽フレアから歴史文献まで

私たちにとってもっとも身近な天体の一つである太陽の話から始めましょう．太陽は地球上のほぼすべての生命活動の源であり，太陽がなくては私たち人間の存在もありません．しかし太陽は非常に危険な存在でもあるのです．図1.1はX線で見た太陽です．特に明るく光っている場所は強いX線が出ている場所で，その下には黒点があります．黒点には強い磁場があり，その磁場のエネルギーで時折太陽フレアという爆発が起きます．太陽フレアが起きると，大量のX線や紫外線，高エネルギー粒子，磁場を帯びたガスの塊などが地球へ飛来し，宇宙飛行士の被ばくや人工衛星の故障，高緯度地域における停電など，様々な影響を引き起こします．太陽活動とそれが主な原因となって起きる地球周辺の宇宙空間の乱れを称して「宇宙天気」とよんでいます．太陽フレアなどの太陽の活動現象は地球の気候にも影響を与えている可能性が考えられています．

太陽の様々な影響については，本書の第4章や本シリーズ第4巻第3章（浅井歩）にくわしく書いてありますのでそちらを読んでいただくとして，ここで

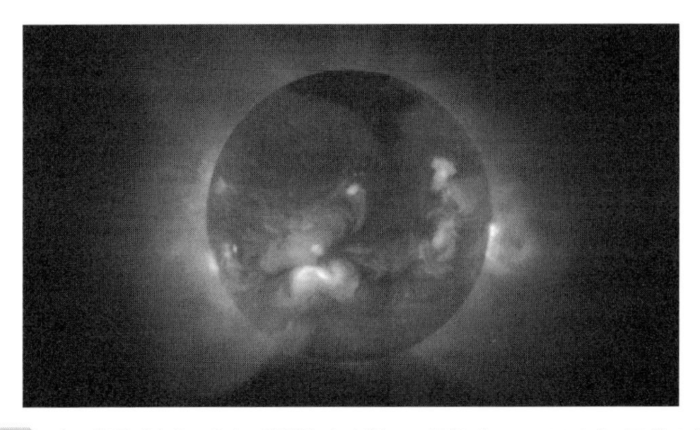

図 1.1 人工衛星「ようこう」が撮影した太陽のX線像（JAXA/NAOJ）（口絵1参照）

はかつては純粋な天文学の一分野だった太陽の研究が，いまでは「宇宙天気」研究の一部として学問や社会の様々な領域に関係するようになっていることを強調したいと思います．太陽フレアによる様々な被害を防ぐためには，太陽で起きていることだけではなく，その結果地球の磁気圏や高層大気で何が起きるのかを知らなくてはいけません．また，それが人工衛星や地上の送電線網にどのような障害を引き起こすかは，工学的な検討が必要ですし，その被害による損害を見積もり，どのように備えたらよいのかを考えるためには，経済や社会システムの観点からの検討が必要になります．

太陽フレアは地震と似ています．地震は，地面の下の岩盤のずれやひずみにたまったエネルギーがあるとき急激にずれ動いて解放される現象であり，太陽フレアは，太陽大気中に蓄えられた磁場のエネルギーがあるとき急激に解放され，プラズマ（電気を帯びたガス）を急速に加速・加熱する現象です．地震は大きいものほど数が少なく，2011 年の東日本大震災は数百～1000 年に 1 回という大きさの地震だったといわれています．太陽フレアも同じように大きなものほど数が少ないのですが，実は太陽フレアの観測の歴史は 150 年ほどしかありません．太陽フレアが起きると X 線や紫外線，電波では強く光りますが，普通の可視光では望遠鏡を使っても観測が容易ではないこと，そして太陽フレアの影響を大きく受けるような人工衛星や送電線網といった人工物は，そもそも 150 年以上前にはほとんどなかったためです．もしかしたら地震と同じように，1000 年や 1 万年に 1 回という頻度であれば，現代文明が経験したことのないような巨大フレアが起きるかもしれない．こう考えた宇宙ユニットの柴田一成が，当時の京都大学の 1 回生と協力して見つけた大発見が，太陽ではないけれど太陽に非常によく似た恒星における「スーパーフレア」という大爆発です．スーパーフレア発見の，ちょっと怖いけれどわくわくするような話は，第 4 章にくわしく書いてあります．

もしスーパーフレアが私たちの太陽でも起きたら，大規模な停電が起き，人工衛星は壊滅的な影響を受け，オゾン層までもが急激に減少すると予想されています．それでは，スーパーフレアが過去に太陽でも起きた証拠はあるのでしょうか？　天文学的にも人類文明の行く末にとっても重要なこの問題に，歴史研究者の力を借りて取り組む共同研究が進んでいます．実は太陽フレアがもたらすのは人類文明への被害だけではありません．高緯度地域で見られるオーロラもまた，太陽フレアで宇宙空間に放出されたプラズマの塊が，地球の磁気圏と衝突することによって生じます．このメカニズムは大変複雑でわかっていないことも多いのですが，単純化すると，大きな太陽フレアが起きると地球磁気圏で強い磁気嵐が起きて，オーロラが低緯度に広がります．このため，10年に一度くらいは北海道でもかすかにオーロラが見えた，というニュースが流れることがあるのですが，実は古い文献を調べてゆくと，日本の京都や中国の北京といった低緯度地域でも，オーロラが見えたという記録が見つかります．図1.2は，尾張藩士の高力猿猴庵（こうりきえんこうあん）（高力種信）という人が描いた，明和7（1770）年に起きたオーロラを記録した絵です．このときは日本全国，そして中国でもオーロラが観測されています．このことから，少なくとも過去150年の間には起きなかったような巨大な太陽フレアがこのとき起きたらしいことがわかるのです．

歴史学者と太陽やオーロラの研究者が協力するというこのユニークな共同研

図1.2 猿猴庵随観図会（国立国会図書館デジタルアーカイブ）（口絵2参照）

究は，京都大学文学研究科の早川尚志と理学研究科の玉澤春史という2人の大学院生（どちらも研究が始まった2014年当時の肩書き）のアイディアから始まっています．もう少しくわしいことは玉澤が第2巻にコラムを書いているのでそちらをご覧ください．またオーロラ研究については，歴史文献を使った研究グループにも参加している海老原祐輔が第2巻第3章「オーロラ」に書いています．ここではこの共同研究の，歴史文献を使って過去の太陽活動を調べるというのとは別の側面を簡単に紹介しておきたいと思います．

図1.2に描かれているのは赤いオーロラだけではありません．その手前には，生まれて初めて夜空の異様な赤い光を見た人々が，火が降ってくるのかと屋根に水をかけたり，神仏に祈ったり，はたまたこの世の終わりと諦めてしまったのか横になって寝ていたり，様々な反応をしていることがいきいきと描かれています．自然科学者が古い文献中の記述をもとにどのような現象が過去に起きていたかを明らかにしようとしている横で，歴史や文学の研究者たちは，オーロラのような天変地異を人々がどのように受け止め書き残してきたか，それが社会にどのような影響を与えてきたかといったことを読み解こうとしています．これは第2巻第1章で科学史の研究者である伊藤和行が書いた人類の宇宙観の変遷にも深く関連している問題です．

自然科学者は文献の記述が意味していることやその信憑性を知りたいと思いますが，そのためにはその時代や文献にくわしい歴史や文学の専門家の知見が必要です．一方歴史や文学の研究者からすれば，科学的知識に乏しい昔の人が書き残した記録から実際に何が起こっていたのかを推定するためには，その現象にくわしい自然科学者の知見が必要です．その意味でこの研究は，単に歴史学者の力を借りた宇宙科学の研究というだけではなく，理系と文系の研究者が互いを補い合って，それぞれの研究関心を追求するという形になっています．

1.2.2 様々な宇宙利用

1.2.1項では，太陽フレアの研究が歴史学という文系の研究にまでつながっていることを紹介しました．実は理系の宇宙科学が文系の研究に貢献している例は他にもあります．第2巻第6章で中野不二男が紹介しているのは，人工衛星を使った考古学や人文学の研究です．天文学者は様々な望遠鏡やセンサーを人工衛星に搭載して，地球大気の外から天体を観測します（第3巻第3章（水村好貴）参照）．一方望遠鏡やセンサーを下に向ければ，地球の大気や表面の様子を，広範囲にわたってくわしく調べることができます．中野は精密な標高データや温度分布など人工衛星が取得した様々なデータを，古代遺跡の分布や文献に残された記述などと照らし合わせることによって，考古学や人文学の研究に役立てようとしています．ちなみに中野は，人工衛星のデータを使う技術をもっている専門家は大勢いるにもかかわらず，そういう人たちは考古学や人文学といった文系の研究は自分の専門外だと始める前から壁をつくってしまうことが多いので，なんと高校生にデータの使い方を教えて一緒に研究をしています．その様子は第2巻第6章にも書いてあるのでぜひ読んでみてください．自由な発想に基づくいいアイディアがあれば，高校生でも面白い研究ができるのです．

もちろん，中野たちが使っている人工衛星は，もともとは考古学や人文学のためにつくられたものではありません．宇宙は学術的な研究だけでなく，地図作成や災害監視，衛星通信・放送など，産業や行政の様々な場面で使われています．人工衛星はもはや，私たちの日々の生活を支えるインフラになっているのです（だからこそ，1.2.1項で紹介した宇宙天気の研究が重要になってきています）．宇宙産業の歴史と発展については，藤原洋による第4巻第4章にくわしく書いてあります．なお藤原は，京都大学で宇宙物理学を学んだ後，インターネット産業の開拓者の一人となり，いま再び経営者として宇宙に関わっている人です．一方先ほど出てきた宇宙考古学・宇宙人文学の中野は，宇宙分野にくわしいジャーナリストという顔ももっています．研究者やエンジニアになるだけが宇宙への関わり方ではないのですね．

将来の宇宙利用にはどのようなものがあるでしょうか．観光を目的にした宇宙旅行は多くの人が思いつきそうですね．実際，いくつかの民間企業が宇宙観光ビジネスの立ち上げを計画しています．また，亡くなった人の遺灰を宇宙にもってゆく宇宙葬や，イベントなどに向けて人工的に流れ星をつくるといったビジネスの話も出てきています．また，第3巻第1章で土山明が解説している太陽系内天体の探査は，現在は主として科学のために行われていますが，いずれそこで人間の経済活動のための資源が採掘されるかもしれません．また，第

4巻第5章で篠原真毅が解説している宇宙太陽光発電によって，宇宙からエネルギーを得ようという研究もあります．

こうしていままでなかった形の宇宙利用が増えてくると，そもそも天体の資源は誰のものかとか他の天体の環境を汚染していいのかといった問題，あるいはもっと現実的なところでは，人工衛星の性能が上がりすぎることによって衛星写真がプライバシーの侵害を引き起こしたり，人工衛星の民間利用と軍事利用の境目があいまいになってきたりといった問題が生じます．そのような問題を考えるために，宇宙法や宇宙倫理学といった新しい学問の必要性が生じてきたことはすでに述べました．特に宇宙ユニットを中心にして発展した宇宙倫理学については，伊勢田哲治の第6章や参考文献（伊勢田ほか，2018）をご覧ください．

ちょっと話を人工衛星に戻しましょう．大塚敏之の第3巻第4章では，人工衛星の姿勢や軌道などを自由に操るために「制御」するという考え方が解説されています．そこでも説明されているように，機械を制御するという考え方は，たとえばロボットや車の自動運転とも共通の技術です．宇宙は人間が生きていくには大変厳しく危険な環境ですから，人間が行くことがどうしても必要か，あるいは人間が行くこと自体に意味があるのでなければ，無人の宇宙機で行うに越したことはありませんが，宇宙機の開発で培われた技術は地球上で使われる技術に応用されることがありますし，逆に地上の技術が宇宙へ応用されることもあります．

宇宙に関連する技術が他の分野で応用される例は他にもあります．第2巻第4章で栗田光樹夫と荻野司が，京都大学を中心にしてつくった口径3.8 mの新しい「せいめい」望遠鏡のために開発した様々な技術とその応用について解説しています．せいめい望遠鏡は，1.2.1項で紹介したスーパーフレアのような突発的現象，つまりある天体が突然光り出す現象の観測が目的の一つになっていて，そのために巨大な望遠鏡を世界で一番速く動かすことができる技術が使われています．実はこの技術は，いま宇宙利用の大きな脅威となっているスペースデブリ（宇宙ゴミ）や，衝突したら地球上で大絶滅を引き起こすかもしれない天体（山敷庸亮の第3巻第5章を参照）の観測にも非常に適しています．

今後，1.2.3項で触れる有人宇宙活動を含めて，宇宙における人間の活動がどんどん多様になれば，宇宙で必要とされる技術もそれだけ多様になってくるでしょう．いまはまったく宇宙と関係ないと思われていた技術が宇宙で重要な役割を果たすといったことは，これからますます増えてくると考えられます．一見宇宙とはまったく関係ないと思われていた歴史学や倫理学が宇宙に深く関わるようになってきたことと似ていますね．

1.2.3　宇宙と人間

1.2.2 項では，様々な宇宙利用やそのための技術について紹介しました．次に，生身の人間が宇宙へ行く，有人宇宙活動について考えてみましょう．有人宇宙活動のこれまでの道のりと今後の計画については，宇宙へ行ったことがある人類の一人である土井隆雄がこれに続く章に書いています．そこでも触れられていますが，人間を宇宙空間に連れて行くということは，人が生きていくために必要なものすべてを準備するということですので，工学の様々な分野はもちろん，上で紹介した宇宙天気やスペースデブリなど宇宙飛行の安全に関わる宇宙環境や，宇宙へ行く人の安全性に関わる法律・倫理問題などもそこに含まれます．また心身の健康を維持するための医学や心理学，食糧を自給するなら宇宙における農学などの分野も関係してきます．宇宙医学研究については第 5 章で石原昭彦と寺田昌弘が解説しています．

人が宇宙へ行くことにともなう問題は，人間が生きるために必要な物理的・生理的条件をいかに満たすか，ということにとどまりません．宇宙へ行くことが人間に身体のみならず宗教的，芸術的なものを含む大きな精神的影響を与えうることは，アポロ計画で月へ行った宇宙飛行士にインタビューしたジャーナリストの立花隆の著作で広く知られるようになりました（立花，1985）．最近の宇宙飛行士の言葉からそのような強い精神的インパクトを聞くことはあまりありませんが，選抜と訓練を経た職業宇宙飛行士ではなく，もっと多様な人が行くようになれば話は変わってくるかもしれません．宇宙空間滞在の心理的な影響については，米国でも学術的な研究が行われています（佐藤，2014）．

そもそも古代から人の精神的営みと宇宙には深い関わりがありました．古代から世界の様々な文化や宗教が，神話や聖典などの形で，宇宙の成り立ちやどのようにして祖先たちが誕生し，いまの自分たちの存在につながっているかを説明しています．人類の宇宙観の変遷については第2巻第1章を，宇宙と人のこころや宗教の関係については，第2巻第5章（鎌田東二）をご覧ください．

米国のNASA，日本のJAXA，ヨーロッパのESA（欧州宇宙機関）など，宇宙開発を行っている主要14カ国・地域の宇宙機関が合同で出したGlobal Exploration Strategy（グローバル探査戦略）には，宇宙を探査することは，「私たちはどこから来たのか」「私たちの生きるこの世界はどういうところか」「私たちはどこへ行くのか」といった人類にとっての根元的な問いに答えることだと書いてあります．この3つの問いは，フランスの画家，ポール・ゴーギャン（Paul Gauguin）の有名な絵のタイトル「我々はどこから来たのか，我々は何者か，我々はどこへ行くのか」（図1.3）とほぼ同じです．ただ2つめの「我々は何者か」という問いだけは，宇宙探査が科学的に答えられる問いに置き換えられています．その意味では，宇宙の成り立ちを解明しようとする最新宇宙論（第2巻第2章（田中貴浩）），宇宙の進化（第4巻第1章（嶺重慎）），系外惑星と宇宙生物学（第4巻第2章（佐々木貴教）），生命の起源（第3巻第2章（大野博久・齊藤博英））などの研究もすべて，自分たちの存在がどういうものであるのかという人類が神話，宗教，文学，芸術などを通して問い続けてきた根元的な問いに，科学という切り口で向かい合っているということもできるでしょう．

話を有人宇宙活動に戻しましょう．有人宇宙活動にはいろいろな側面があり

図1.3 ポール・ゴーギャン「我々はどこから来たのか，我々は何者か，我々はどこへ行くのか」（ボストン美術館所蔵）

ますが，そもそも人類はなぜ宇宙へ行こうとするのでしょうか．よくある主張の一つが，「深海で生まれた地球の生命は，陸地へ，空へと広がってきた．生存領域の拡大は生命としての必然である」といったものです．また別の主張としては，環境問題や小惑星の衝突などでいつか地球が住めなくなったときのために地球のバックアップをもっておくべきだというものがあります．「何のためなんか関係ない，行きたいから行くんだ」といった熱い気持ちをもった人が多いのも宇宙分野の特徴です．

個人の思いはそれぞれでよいのですが，国の政策のように公共性のある事業として宇宙開発利用を行うならば，そこには正当な理由がなければなりません．上の例でいえば，生命の歴史が生存領域の拡大の歴史であると言い切っていいのかどうかという科学的な疑問もありえますが，なにより「事実が○○である」ということから「私たちは○○するべきである」という結論を導くことはできません．それが成り立つなら，たとえば戦争や差別といったことも，それが人類の歴史の中でずっと存在し続けたという理由で肯定されかねないことになります．一方，未来の地球に破滅的な出来事が起きるリスクは確かにありますから（たとえば第3巻第5章），地球のバックアップをもっておくべきという主張に説得力を感じる人は多いですが，未来の人類の生存や幸福を目的とするならば，いま優先的に行うべきことが本当に有人宇宙開発なのかどうかはきちんと検討しなければいけません．このように様々な見方や考え方，価値観が複雑に絡まった問題を整理して意味のある議論ができるようにすることは，哲学という学問が得意とすることの一つです．第3巻第6章では，哲学者の呉羽真が「宇宙へ行く意味はあるのか」と題してそのような議論を展開しています．また，科学技術と社会の関係を対象にした学問分野の切り口からの研究について紹介しています．

1.2.4 宇宙人類学の挑戦

かつて宇宙開発利用は，限られた先進国が国の事業として行うものでした．しかし21世紀になったころから，宇宙開発新興国や民間企業による独自の宇宙開発利用が盛んになってきています（第4巻第4章も参考にしてください）．1.2.3項で述べたように，公共の事業として行う宇宙開発利用にはそれなりの正当化が必要ですが，民間企業，あるいはお金や技術をもった個人が，「行きたいから行くんだ」と自分の力で宇宙を目指す場合はどうでしょう．もちろんすべての人が社会の一員である以上，自分がやりたいことを何でもしてよいわけでなく，そこには様々な法的・倫理的・社会的制約がかかります（第 6 章も参考にしてください）．しかし，いまの地球上の社会は嫌だ，もうそこから抜け出したいと思っている人にとって，宇宙はまさにそのような制約から逃れることのできる場所になるかもしれません．

1.2.3 項では「何のために宇宙へ行くのか」という問いを取り上げましたが，「理由や正当化の可否はともかくとして，人が宇宙へ行ったらどうなるのか」という問いも立てることができます．この問いに向かい合っているのが，神戸大学の文化人類学者である岡田浩樹と宇宙物理学者である私が 2009 年ごろに出会ったのをきっかけに始まった「宇宙人類学」です．岡田と出会うまで私は文化人類学を勉強したことはありませんでしたし，私と出会うまで岡田はまさか自分が宇宙を研究する日が来ようとは思っていなかったそうですが，文化人類学とは「人類とはいかなるものか」という大きな問題意識をもっている学問ですから，「人が宇宙へ行ったらどうなるのか」という問いは文化人類学的な問いでもあったのです．

岡田が仲間の文化人類学者たちによびかけて，2011 年ごろから「宇宙人類学」が文化人類学者と，私を含む理工系の宇宙研究者も参加した共同研究として本格的にスタートしました（どうしたわけか，このような変わった研究に参加する文化人類学者はほとんどが関西の人でした）．文化人類学者が宇宙開発利用について議論している論文は海外でも散発的にいくつか出てはいるのですが，文化人類学者と理工系の宇宙研究者がグループをつくって本格的に研究を進めているのはいまのところ日本の私たちのグループだけです．この分野は日本が世界の最先端（というより誰も他にやっていない）といえるでしょう．文化人類学とはどのような学問で，宇宙人類学がどのような研究を行っているか，くわしいことは宇宙人類学の最初の論文集である『宇宙人類学の挑戦』（岡田・木村・大村編，2014）や第 4 巻の木村大治の第 6 章を読んでください．以下では『宇宙人類学の挑戦』とその後に書いた本（磯部，2019）の内容を簡単に紹介します．

表 1.1　宇宙へ移住するとすればそれは誰か？（ダイソン，2006）

	メイフラワー号	モルモン教徒	巨大宇宙コロニー	小惑星への移住
年	1620	1847	2???	2???
人数	103	1891	10000	23
積荷（t）	180	3500	3600000	50
費用（1975 年の米ドルで）	600 万	1500 万	1000 億	100 万
積荷 1 ポンドあたりの費用（ドル）	15	2	13	10
1 家族あたりの費用を年収で割った値	7.5	2.5	1500	6

物理学者のフリーマン・ダイソン（Freeman J. Dyson）は，1976年に出版した本（ダイソン，2006）の中で，未来の宇宙移民と，大航海時代のヨーロッパから北米への移民など歴史上の移民の比較を行っています．表 1.1 はダイソンが用いた表で，メイフラワー号（1620 年）とモルモン教徒（1847 年）という 2 つの歴史的移民団，そして宇宙空間に建設する 1 万人収容の宇宙コロニーと数十人程度の小惑星へ移民する 2 つの仮想的宇宙移民団について比較しています．この表で一番大事な数字は一番下の「1 家族あたりの費用を年収で割った値」で，これはつまり 1 家族あたり移民のために年収何年分かかったかを表しています．モルモン教徒の遠征が 1 家族あたり年収 2 年半分で実現したのに対し，メイフラワー号では年収 7 年半分かかっておりこのためモルモン教徒に比べメイフラワー号は投資家からの借金の返済に苦しんだとされています．

これが宇宙移民ではどうなるかというと，宇宙コロニーは年収 1500 年分，小惑星への小規模移民は年収 6 年分となっています．これは少々楽観的に過ぎる数字で，実際にはこれよりかかるだろうと思いますが，ここでのポイントは大規模宇宙コロニーは個人でまかなえる規模ではないのに対し，小惑星への小規模移民は，強い意思と一定の経済力をもった集団が自分たちの力だけで実行してしまう可能性があるといえるでしょう．このことと，そもそも上であげたアメリカ大陸への移民団の例が，どちらも当時のヨーロッパでは伝統的なカトリック教会から分かれたキリスト教の新興宗教の一派であったことを考えると，未来の宇宙移民は米国の NASA や日本の JAXA のような先進国の政府機関ではなく，個人や企業家，宗教団体のような人々が主要なプレイヤーになるのでは，とダイソンは予想しました．

21 世紀になり，民間企業や新興国による独自の宇宙開発利用が盛んになり，その中には火星への移民を唱える者も出てきています．ダイソンの予想が現実になりつつあるということなのかもしれません．文化人類学者によれば，移民は実際に移住した本人たちだけでなく，その移民を送り出したもとの社会にも大きな影響を与えます．未来の宇宙移民は，地球に残った人々を含めた人類全体に何をもたらすのでしょうか．

生命は環境と適合していないと生きていくことができません．いまの有人宇宙活動は，重力を除けば，人間が生きていくための環境を宇宙にもっていくことで成り立っています．一方で人類はいま，遺伝子工学など生命自身を変える技術をもち始めています．人間の遺伝子を改変するようなことは大きな倫理的問題があり，現在の地球では厳しく制限されています．ですが，すでに述べたようにそもそも宇宙へ行くということはそのような地球上の法的・倫理的・社会的制約を受けにくくなるということを意味します．つまり宇宙移民とは，生命としての人間とその集団である社会のあり方を根底から変え，長期的にみれば人間と人間でないものの境目をあいまいにしてしまう可能性が高い事業なのです．

このことは，宇宙物理学者が研究対象としている宇宙の進化のような長い時間スケールでみれば，生命の進化が次の段階に進むということなのかもしれません．この宇宙の多様で複雑な姿に魅せられて研究の道へと進んだ宇宙物理学者としての私は，人間を含む地球上の生命が地球外へと拡がり，この宇宙をもっと多様で複雑で面白い世界へ変えてゆく，そんな姿を見てみたいと強く思います．しかし現代社会に生きる 1 人の人間としての私は，科学技術が人間や生命のあり方を変えていくことに対しては，避けがたいことだとは思っていますが，だからこそ慎重に進めるべきだと思っています．

人間が宇宙へ拡がってゆくことへの期待と，それが人間を変えてしまうことへの不安と警戒．この矛盾する 2 つの感情をうまく表現しているのが，京都大学の生態学者，文化人類学者であり，霊長類学のパイオニアとしても知られる今西錦司の言葉です．将来の宇宙移民についての座談会の中で話したとされるこの言葉を紹介しましょう.

> 「私なんかは，自分の一生については自然が破壊されていくのを悲しんだりしている．けれども人類の一生を考えたらサイボーグでもなんでもいいから，もっと発展してほしいという気持ちになるね.」
>
> （梅棹，2011）

宇宙の研究が様々な分野に拡がり，しかもそれらの間にはいろいろな関係があることをわかっていただけたのではと思います．一方，いろいろな研究があることはわかったけど，それは「宇宙総合学」として1つのまとまった学問になっているのか？　という疑問をもった方もいるかと思います.

すでに述べたように，宇宙ユニットに参加している研究者たちの間で「宇宙総合学とはこういう内容のものだ」という合意があり，それに合わせて研究が行われているわけではありません．少なくとも私の考えでは，宇宙総合学はそれを進めてゆけば「天文学」とか「機械工学」とか「情報科学」のような新しい教科書ができて，それをもとに体系的に学ぶことができるような意味での新しい学問分野をつくることを目指したものではないと思います．「宇宙人類学」「宇宙倫理学」「歴史文献天文学」のように，宇宙総合学から新しい研究分野が生まれることはありますし，それはとてもエキサイティングなことです．しかし，それらの新しい研究が「宇宙総合学」という分野の枠に入るか入らないかということは，あまり重要なことではないと思います．それよりも大事なことは「宇宙」を共通の関心として様々な分野の人が集まって何か面白いことが生まれることであり，しかもただ面白いだけではなくて，学術的，社会的に意義のある研究になること．これが「宇宙総合学」なるものを通して目指すべきことだと私は考えています.

天文学者や宇宙工学者になるだけが宇宙へ関わる道ではありません．様々な学問分野，そして学問以外の専門分野が宇宙につながっています．本書を読んでいるみなさんが，それぞれがもっている，もしくはこれから身につけようと思っている専門分野を活かして，宇宙を舞台に面白いことを始めてみる．そんなきっかけになればこれほど嬉しいことはありません.

引用文献

伊勢田哲治・神崎宣次・呉羽　真（編）：宇宙倫理学，昭和堂，2018.
磯部洋明：宇宙を生きる—世界を把握しようともがく営み，小学館，2019.
梅棹忠夫（著），小長谷有紀（編）：梅棹忠夫の「人類の未来」暗黒のかなたの光明，勉誠出版，2011.
岡田浩樹・木村大治・大村敬一編：宇宙人類学の挑戦，昭和堂，2014.
佐藤知久：宇宙空間での生は私たちに何を教えるか—宇宙飛行士の経験をめぐって．宇宙人類学の挑戦（岡田浩樹・木村大治・大村敬一編），pp. 111–146，昭和堂，2014.
ダイソン，F.（著），鎮目恭夫（訳）：宇宙をかき乱すべきか（上・下），ちくま学芸文庫，2006.
立花　隆：宇宙からの帰還，中公文庫，1985.

chapter 2

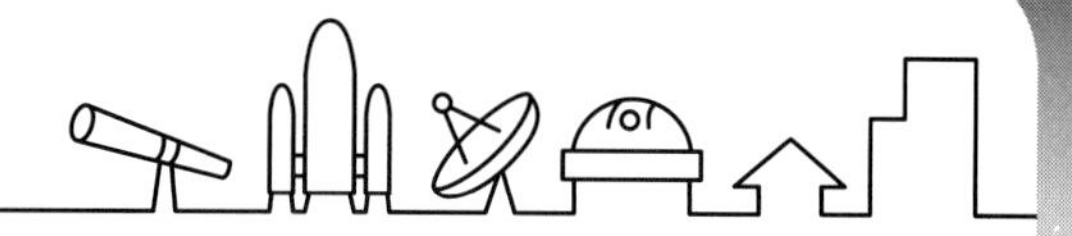

日本の有人宇宙活動

土井隆雄

1961年のユーリー・ガガーリンによる人類初の宇宙飛行以来，宇宙は人類にとって進出可能な新世界となりました．有人宇宙活動の始まりです．日本の第1期有人宇宙活動は1985年から2008年まで続き，宇宙飛行士が飛ぶごとに，新しい有人宇宙技術の獲得を目指しました．第2期有人宇宙活動は，2008年に日本実験棟「きぼう」の建設から始まり，日本人宇宙飛行士による長期宇宙ミッションが開始されました．

国際宇宙ステーションでは，生命科学実験や物理学実験が行われ新しい発見が続いています．また，宇宙からの観測によって新しい地球や宇宙の姿が明らかになってきました．私たちは，今，有人宇宙活動によって何を目指し，どこに行こうとしているのでしょうか．

2.1 有人宇宙活動とは

有人宇宙活動とは，どのような特徴をもつのでしょうか．図2.1は，有人宇宙活動のもつ3つの特徴をあげ，それらがどのように社会に影響を与えるのかを考えたものです．1つめは，有人宇宙活動は最先端科学技術を使うということ，すなわち，宇宙の極限環境下で人間が生き，働くためには最先端の科学技術が必要です．また，宇宙という未知の世界を探求する結果として，新しい科学が生まれます．2つめは，人が宇宙に行くということで，新しい社会的連携活動が必要になります．たとえば，国際宇宙ステーション（ISS）をつくり，運用するために新たな国際協力の枠組みがつくられたのがよい例です．3つめは，宇宙に行って人が命を懸けるということによって，国民の高い関心をよびます．このような特徴をもつ有人宇宙活動に多くの若い人たちが参加すること

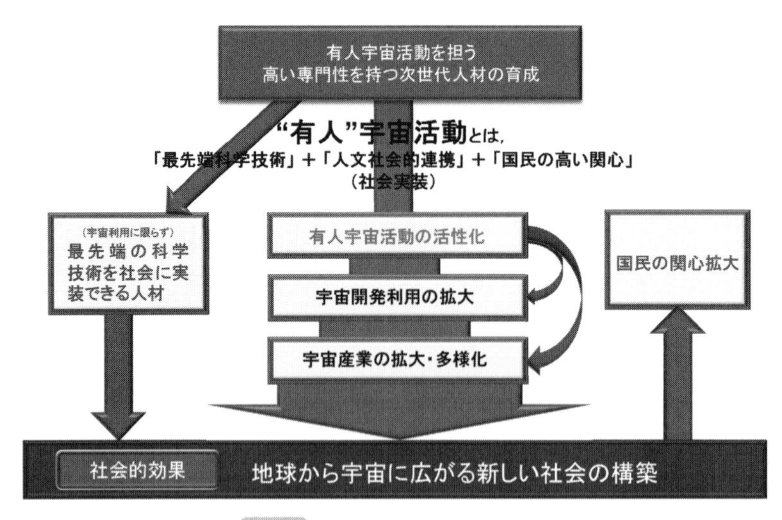

図 2.1　有人宇宙活動の社会的効果

によって，有人宇宙活動が活性化され，宇宙開発の利用が拡大していき，宇宙産業が拡大し多様化していきます．

宇宙産業が拡大・多様化するということで，宇宙用に開発された最先端科学技術が私たちの地上社会にフィードバックされ，社会全体で新しい産業が生まれることが期待されます．このことが，また新しく国民の関心を高め，より多くの若者が有人宇宙活動に参加します．このループが何回転もすることによって，人類文明が発展していくのではないでしょうか．有人宇宙活動は，地球から宇宙に広がる新しい社会を創造するための鍵をにぎっています．

2.2 世界の有人宇宙活動の変遷

1961 年のユーリー・ガガーリンによる人類初の宇宙飛行以来，宇宙は人類にとって進出可能な新世界となりました．図 2.2 は世界の有人宇宙ミッションのこれまでの動向を示しています．世界の有人宇宙活動は，1960 年代のマーキュリー・ジェミニ・アポロミッション（米国主導），1970 年代のサリュート宇宙ステーション（旧ソ連主導），1980～90 年代のスペースシャトル（米国主

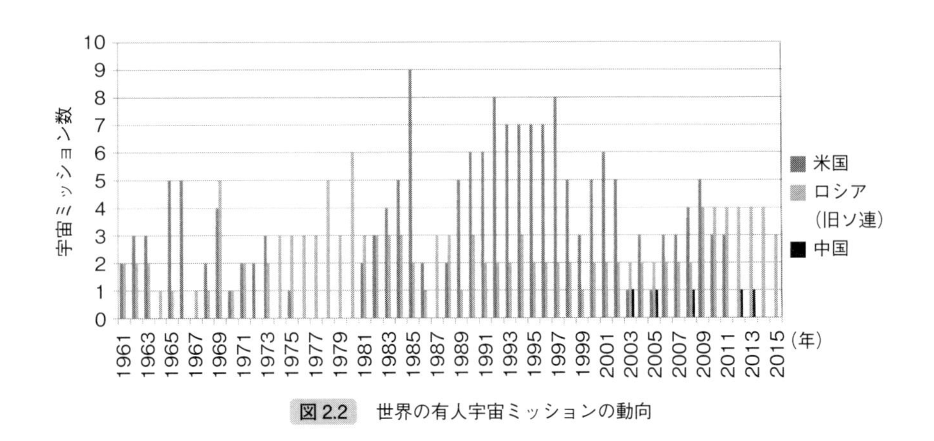

図 2.2 世界の有人宇宙ミッションの動向

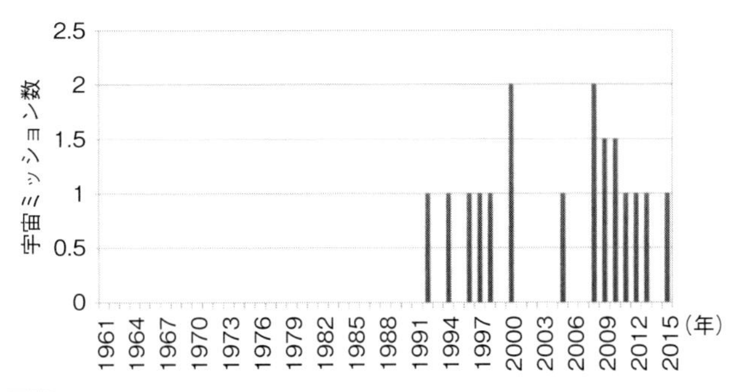

図 2.3 日本の有人宇宙ミッションの動向（打上げ・帰還を各 0.5 回と数える）

導）とミール宇宙ステーション（旧ソ連・ロシア主導）の時代を経て，2000 年代の国際宇宙ステーションによる国際協力の時代へと発展してきました．国際宇宙ステーションは，2024 年までの運用が国際間で定められています．また，2003 年以降，中国も独自の有人宇宙船を開発し，有人宇宙活動を積極的に展開していることがわかります．2010 年代に入ると，宇宙の商業化により民間企業が有人宇宙活動に参加し始めました．国際宇宙ステーションへ物資の輸送ばかりでなく，旅客の輸送もできる有人宇宙船の開発が現在進められています．

図 2.3 は日本の有人宇宙ミッションの動向を示したものです．1985 年に国際

宇宙ステーション計画への参加決定および第一次材料実験に参加する日本人宇宙飛行士の選抜により，日本の「第1期有人宇宙活動」が始まりました．日本は短期有人宇宙ミッションを通じて，宇宙実験技術，ロボットアーム操作技術，船外活動技術など有人宇宙活動に必須な技術の獲得を目指しました．「第2期有人宇宙活動」は，2008年，日本実験棟「きぼう」を宇宙ステーションに取り付けるミッションを契機に始まりました．これより日本人宇宙飛行士による長期ミッションが開始され，宇宙飛行士訓練技術，有人宇宙施設の運用，長期宇宙実験の実施，宇宙貨物船の運用などの技術を獲得しました．しかしながら，これら30年以上にわたる有人宇宙活動の間，日本では，有人宇宙活動全体を系統立てて理解し，有人宇宙活動を担っていく人材育成が大学レベルで行われることはありませんでした．現在の多様化していく有人宇宙活動を支え，さらに宇宙産業を発展させていくための若い人材の育成が急務であると考えています．

有人宇宙活動に関わる学問は，宇宙工学，通信工学，ロボティクス，建設工学，宇宙科学といった理工学だけでなく，微小重力，閉鎖空間，真空といった極限空間における生理学などの生命科学や宇宙医学（第5章），さらには国際協力体制の実施のための宇宙法，商業といった社会科学，巨大科学に対し正当性を問う倫理学的考察といった人文科学（第6章）など，あらゆる学問・専門領域に及びます．このことは，多様な学問分野の有機的結合による有人宇宙活動に必要な総合科学を創出する必要があることを意味しています．

2.3 日本の有人宇宙活動の変遷

日本の有人宇宙活動がどのように進められてきたか，図2.4を使ってみてみることにしましょう．日本の有人宇宙活動は，1985年に毛利衛，向井千秋，土井隆雄が，宇宙飛行士として選抜されたときより始まりました．日本で初めての宇宙材料実験，第一次材料実験を1988年に米国が開発したスペースシャトルで実施するのが目的でした．この1985～2008年の期間が日本の第1期有人宇宙活動です．しかしながら，日本の本格的な有人宇宙活動は，1986年に起きたスペースシャトルチャレンジャー号の事故によって，1992年まで遅れ

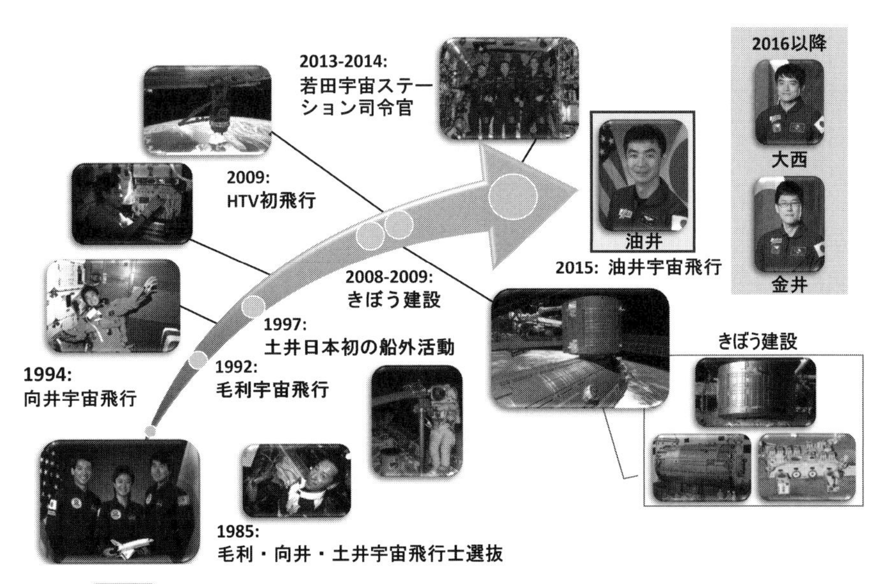

図 2.4　日本の第 1 期有人宇宙活動（写真：大西，金井宇宙飛行士は JAXA，ほかは JAXA/NASA）

てしまいます．この間，1990 年に秋山豊寛がロシアの宇宙船ソユーズによる宇宙飛行をしています．1992 年に毛利衛が STS-47 スペースラブジャパンミッションで飛行し，スペースシャトルコロンビア号に搭載された宇宙実験室で日本から提案された 34 個の宇宙実験を行うことにより，日本人宇宙飛行士による本格的な有人宇宙活動が開始されました．1994 年の向井千秋による STS-65 第 2 次国際微小重力実験室ミッション（IML-2）に続いて，若田光一が 1996 年に STS-72 ミッション，1997 年に土井隆雄が STS-87 ミッションで宇宙飛行を行いました．表 2.1 に示されるように日本の第 1 期有人宇宙活動期間中は，約 2 年に一度の割合で，日本人宇宙飛行士が宇宙を飛んでいることがわかります．

日本の第 1 期有人宇宙活動期間は，宇宙飛行士が飛ぶごとに，新しい有人宇宙技術の獲得を目指しました．たとえば，毛利衛の 1992 年のミッションでは，宇宙で材料実験を行う宇宙実験技術を獲得しました．向井千秋の 1994 年のミッションでは，ライフサイエンス宇宙実験を行うこと，若田光一の 1996 年の

表 2.1 日本の第 1 期有人宇宙活動

西暦	ミッション名	搭乗者名	獲得した科学技術
1992	STS-47	毛利　衛	宇宙実験（材料科学）
1994	STS-65	向井千秋	宇宙実験（生命科学）
1996	STS-72	若田光一	宇宙ロボット技術
1997	STS-87	土井隆雄	船外活動技術
1998	STS-95	向井千秋	宇宙実験（生命科学, 宇宙医学）
2000	STS-99	毛利　衛	地球観測，立体地形図
2000	STS-92	若田光一	宇宙ステーション建設 宇宙ロボット技術
2005	STS-114	野口聡一	宇宙ステーション建設 船外活動技術

ミッションでは，ロボットアームを操作すること，すなわち，宇宙ロボット技術の獲得，そして，土井隆雄の 1997 年のミッションでは，船外活動の技術を獲得したのです．いわば，この期間の日本の有人宇宙活動は，ボトムアップ方式で知識と経験を積み上げてきたといえます．

それでは，2008 年に何が起こったのでしょうか．2008 年に宇宙ステーション日本実験棟「きぼう」モジュールの第 1 便である船内保管室が国際宇宙ステーションに取り付けられました．この 2008 年から，日本の第 2 期有人宇宙活動が始まりました．第 2 期有人宇宙活動が始まると，有人宇宙活動の質も量も格段に変化していきます．日本実験棟「きぼう」や各種宇宙実験装置の設計や製作，実験手順書の作成，実験宇宙飛行士の訓練，日本実験棟の運用などが成功裡に行えてきたのは，第 1 期有人宇宙活動で得られた知識や経験の賜物と言っても過言ではありません．第 2 期有人宇宙活動の概要を図 2.5 に示します．

2008 年，土井隆雄の STS-123 ミッションにより日本実験棟「きぼう」の船内保管室が，続いて星出彰彦の STS-124 ミッションにより船内実験室が，翌 2009 年に若田光一の STS-119 ミッションにより船外実験プラットフォームが国際宇宙ステーションに取り付けられ，日本実験棟「きぼう」が完成しました．この若田光一のフライトは，日本人にとって最初の長期ミッションです．そののち約 1 年ごとに，日本人宇宙飛行士が国際宇宙ステーションに 3〜6 カ月滞在するという長期ミッションが続いていきます．

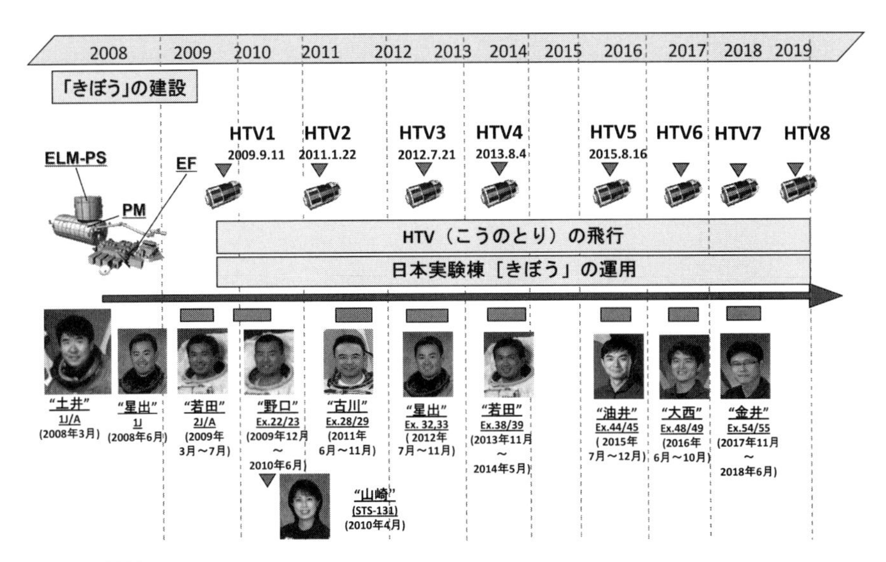

図 2.5　日本の第２期有人宇宙活動（写真：古川宇宙飛行士は JAXA/GCTC，油井宇宙飛行士は JAXA，ほかは JAXA/NASA）

その間，いくつか特別な出来事がありました．たとえば，2010 年，野口聡一の ISS 第 22 次/第 23 次ミッションのときに，山崎直子が STS-131 ミッションで国際宇宙ステーションを訪問しています．このとき日本人が２人，宇宙にいたということになります．また，若田光一の２番目の長期ミッションのとき，国際宇宙ステーションコマンダーに任命されています．若田光一が国際宇宙ステーションのクルー側運用の全責任を任されたということです．このときをもって，日本の有人宇宙活動が世界に認められたのではないかなと思います．

その後，一番若い世代の日本人宇宙飛行士の飛行が続いています．油井亀美也が 2015 年に，大西卓哉が 2016 年，そして 2017 年に金井宣茂が飛行を行いました．現在，国際宇宙ステーションの運用は，2024 年まで継続されることが決まっています．

2.4 ロケットの原理―ツィオルコフスキーとロケット方程式

宇宙は真空の世界です．空気のない宇宙空間に到達するためには，ロケットを使わなければなりません．ロケットと大気中を飛ぶ飛行機との大きな違いは，何でしょうか．飛行機は空気中の酸素を取り入れて燃料を燃やすかわりに，ロケットは，真空の宇宙空間を飛行するために，自分で燃料と酸素をもっていかなければいけないことです．ロケットの推進原理は，ロシアのコンスタンチン・ツィオルコフスキー（Konstantin E. Tsiolkovsky）によって20世紀初頭に初めて定式化されました．ロケット方程式は次のように書くことができます．

$$\Delta V = V_e \cdot \ln (M_i / M_f)$$

ΔVはロケットの獲得する速度です．この速度が大きければ大きいほど，ロケットの推進性能が高いことになります．V_eはロケットエンジンから噴出するガスの速度，M_iはロケット全体の初期質量，そしてM_fはロケット全体の最終質量です．ロケットは，液体水素やケロシンなどの燃料と液体酸素のような酸化剤が必要ですから，M_iからM_fを引いたものが，ロケットの燃料と酸化剤を足し合わせた質量になります．ln は自然対数とよばれる関数です．ロケット方程式が意味するのは，V_eが大きいほど，またM_i / M_fが大きいほどΔVが大きくなる，すなわち，ロケットが高性能になることを意味しています．

ロケットエンジンから噴出するガスの速度が大きいほど，ロケットが高性能になることから，現在までいろいろなロケットエンジンが開発されてきました．ロケットエンジンは大きく分けて，化学ロケットエンジンと電気推進ロケットエンジンに分けることができます．化学ロケットエンジンは，燃料と酸化剤を化学反応によって燃焼させ高温の燃焼ガスをつくり，ノズルから噴出させることによって，高速の噴出速度を得るエンジンです．ノズルは熱エネルギーを運動エネルギーに変える役割をしています．化学ロケットエンジンの中で最高性能を出すエンジンは，液体水素と液体酸素を使うもので，スペースシャトルのメインエンジンや日本のH-II ロケットのエンジンがそのタイプです．化学ロケットエンジンは，また，液体燃料ロケットエンジンと固体燃料ロケットエンジンに分けることができます．先の液体水素と液体酸素を使うエンジンは，液体燃料ロケットエンジンになります．固体燃料ロケットエンジンは，燃料と酸化剤が固体状態で一様に混合され燃焼室に詰められています．固体燃料ロケットエンジンは，液体燃料ロケットエンジンよりもやや性能が劣りますが，構造が簡単なので打ち上げ用の補助ロケット（ブースター）や小型観測ロケットに使われています．

電気推進ロケットエンジンは，化学燃料ロケットエンジンと違い，排出ガスは電気の力で加速されます．そのため，排出ガスは電気を通すプラズマとよばれる，原子を構成している陽子と電子の集合体から成り立っています．プラズマは，放電などによりガスを1万度以上に加熱させることによってつくられます．電気推進ロケットエンジンは電気の力でプラズマを加速するために，化学燃料ロケットエンジンの排出ガスの速度よりも，はるかに速い排出速度を達成することができます．そのため，燃料を節約することが可能になります．ただし，現在では宇宙で利用できる電力が限られているために，化学燃料ロケットエンジンよりも推力はずっと小さくなっています．

電気推進ロケットエンジンは，その加速の仕方によって，イオンエンジンとプラズマエンジンに大別することができます．イオンエンジンは，プラズマを電界（電気力）によって加速させるものです．小惑星イトカワに飛行した探査船「はやぶさ」のエンジンにイオンエンジンが使われていました．プラズマエンジンは，電界と磁界によってつくられる電磁力によってプラズマを加速させるものです．イオンエンジンよりも大きな推力を得やすいので，将来の有人惑星探査船のエンジンとして有望です．

2.5 有人ロケット―スペースシャトル

現在まで開発された有人ロケットの中で初めての再使用型ロケットがスペースシャトルです．1981年にSTS（Space Transportation System: 宇宙輸送システム)-1号機が飛行し，2011年のSTS-135によるフライトが最後になるまでの30年間に135回の飛行を行いました．

図 2.6 スペースシャトルエンデバー号（STS-123）の打ち上げ（NASA）

図 2.6 は，国際宇宙ステーションに「きぼう」船内保管室を運んだ STS-123 スペースシャトルエンデバー号の打ち上げ時の写真です．スペースシャトルは 3 つの部分からできているのがわかります．1 つめは，翼がついている軌道船です．宇宙飛行士 7 人が搭乗し，再使用することができます．軌道船は，コロンビア，チャレンジャー，ディスカバリー，アトランティス，エンデバーの 5 機が製造されました．そのうち，コロンビアとチャレンジャーは飛行中の事故により失われています．2 つめは，軌道船が取り付けられている外部燃料タンクです．外部燃料タンクには，スペースシャトルメインエンジンに使われる液体水素と液体酸素が蓄えられています．3 つめは，外部燃料タンクの外側に 2 本取り付けられている固体燃料補助ロケットです．ここでは，以下，軌道船をスペースシャトルとよぶことにしましょう．

スペースシャトルについている 3 基のスペースシャトルメインエンジン（推力 600 t）と 2 基の固体燃料補助ロケット（推力 2600 t）が点火されると全推力 3000 t の力でスペースシャトルが飛行を始めます．第 1 段目は約 2 分間続き，固体燃料補助ロケットの燃焼が終わります．このとき，スペースシャトルは，高度約 45 km，速度約 1.3 km/秒に到達しています．スペースシャトルは，この直後に固体燃料補助ロケットを切り離し，スペースシャトルメインエンジンだけを使って宇宙を目指します．固体燃料補助ロケットはパラシュートを使って大西洋に降下し，回収船により回収され整備されたのちに，再使用されることになります．第2段目は，この後，約6分30秒続きます．打ち上げ開始から8分30秒後に，スペースシャトルメインエンジンの燃焼が終わります．スペースシャトルが宇宙に到達した瞬間です．このとき，スペースシャトルの高度は約200 kmを超え，速度は7.9 km/秒に到達しています．軌道船の中の宇宙飛行士は無重力状態にいます．ただちに外部燃料タンクが軌道船から切り離され，外部燃料タンクはその後地球を約半周してインド洋上空で大気圏に突入して燃え尽きます．

7人の宇宙飛行士を宇宙に運ぶために，なぜこのような巨大なロケットが必要なのでしょうか．その理由は，地球の周りを回る周回軌道に入るために，速度が7.9 km/秒に到達しないといけないからです．7.9 km/秒というと，1分間に約500 km進む速度です．東京から大阪まで1分間弱で行ってしまうというすごい速度です．この速度に到達しないと，スペースシャトルは地球の引力に引かれて地上に落ちてしまうので，このような速い速度に到達しなければならないのです．地球の周回軌道に入るための速度7.9 km/秒を第1宇宙速度とよびます．

スペースシャトルの打ち上げ時の乗り心地はどんなものでしょうか．第1段目は，ちょうど悪い道をバスで走っているときのように，ガタガタとコックピットが揺れています．第2段目になると，まったく揺れなくなります．そのかわり，身体がどんどん重くなっていきます．これは，スペースシャトルが加速していくためです．第2段目の終わりには，その加速度が最大約3 g（地表の重力の3倍）になります．地表の重力の3倍というとすごく重く感じますが，手も足もまだ自由に動かすことができます．

図2.7は，スペースシャトルエンデバー号が，ケネディ宇宙センターの滑走路に着陸しようとしているところです．スペースシャトルは夜の着陸も問題ありません．スペースシャトルの一番の特徴が，翼をもっている軌道船がグライダーのように大気中を滑空して，滑走路に着陸できることです．

スペースシャトルは高度約120 km，インド洋上空で大気圏に突入します．このときの速度は，軌道速度の7.9 km/秒，音速の25倍というスピードです．これから約40分間，大気との摩擦で少しずつ減速しながら太平洋を横断して，

図 2.7　スペースシャトルエンデバー号（STS-123）の着陸（NASA）

米国フロリダ州にあるケネディ宇宙センターの滑走路に戻ってくるのです．スペースシャトルが地球の大気圏に突入して高度 60 km くらいになると，空気密度が濃くなり大気との摩擦熱によって，スペースシャトルの表面は，摂氏 1500 度以上の高温になります．このような高温に耐えるために，スペースシャトルの底面部は二酸化珪素（シリカ）からつくられた断熱タイルに，翼の先端部分はカーボンカーボンとよばれる断熱材に覆われています．この断熱タイルと断熱材によって，高温の大気にさらされても，スペースシャトルの内部の機器は正常に働くことができるのです．

図 2.7 の左下は，スペースシャトルの操縦席です．左側がコマンダーの席，右側がパイロットの席です．左側も右側でもスペースシャトルを操縦することができます．これを見ると，現在の旅客機の操縦席に非常によく似ています．スペースシャトルは，大気圏突入から着陸までコンピューターによる自動操縦が可能ですが，実際は着陸するときは，コマンダーが手動で操縦しています．スペースシャトルは，グライダーのように滑空することができるだけで，着陸は 1 回で成功しなければならないからです．絶対失敗が許されないミッション最後の着陸で，コンピューターを使わずに人間に行わせるところに，米国の有人宇宙飛行にかける熱意と人間の能力への信頼を感じることができます．

2.6 国際宇宙ステーション

国際宇宙ステーション（ISS）は，世界の15カ国が協力して1999年から建設を始め，2011年に完成しました．日本もその15カ国の一つです．図2.8は，現在の宇宙ステーションの姿です．横に長くのびたトラスから4組の太陽電池パネルが飛び出しているのがわかります．宇宙にあるので大きさがわかりづらいですが，トラスの全長は110 mあり，4組の太陽電池パネルの長さは，1つが70 mあります．国際宇宙ステーション全体で，サッカー場くらいの大きさがあるということになります．このような大きな構造物を人間は宇宙につくり，現在も運用しているのです．

国際宇宙ステーションは，地上から約400 kmの高さの軌道を周回しています．地球を1周するのに90分しかかかりません．地球を1周する間に昼と夜が1回ずつありますから，昼と夜の長さはそれぞれ45分しかありません．宇宙はとても不思議な世界であることがわかります．

図2.8では，宇宙ステーションは写真の上側に向けて飛行しています．宇宙ステーションの進行方向左側の先端にあるのが日本実験棟です．その右側にあるのがヨーロッパのコロンバスモジュールです．トランス構造の中央部にある

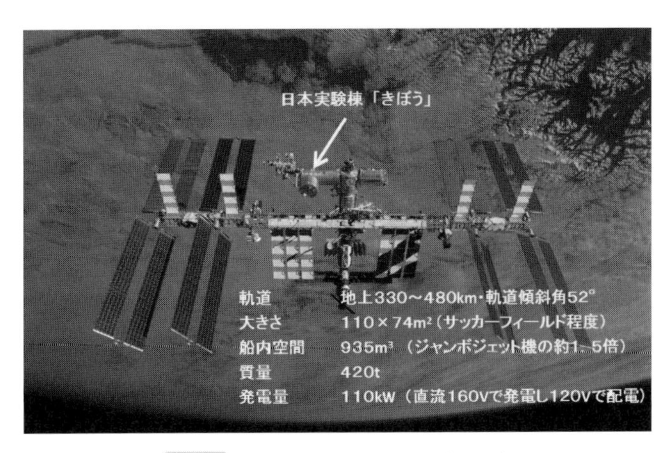

図2.8 国際宇宙ステーション（NASA）

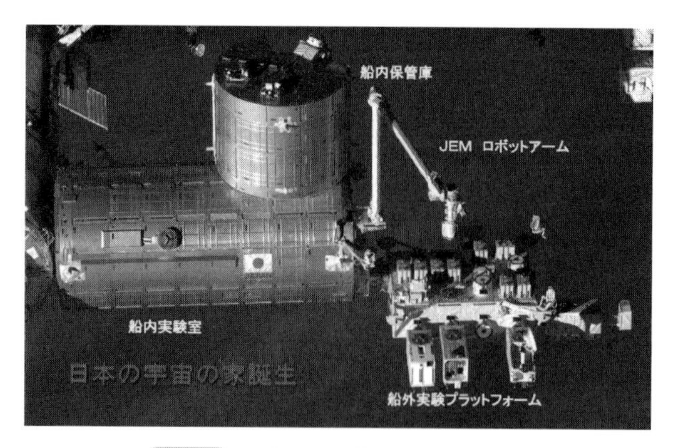

図 2.9　日本実験棟「きぼう」(NASA)

のが米国のモジュールで，写真下方にあるのがロシアのモジュールになります．常時宇宙飛行士 6 人が搭乗し，宇宙実験や宇宙，地球の観測を行っています．

図 2.9 は日本実験棟「きぼう」です．日本が 1985 年から設計を始め，23 年間かけて製造し，試験し，宇宙に設置した日本初の有人宇宙施設です．日本実験棟「きぼう」は 3 つの部分から成り立っているのがわかります．写真上部にあるのが，船内保管室，その下にあるのが船内実験室，そして右側にあるのが船外実験プラットフォームです．船内実験室についているロボットアームは，船外実験プラットフォーム上の実験・観測装置を移設するのに使われます．船内実験室は，直径 4 m，全長 11 m あり，宇宙ステーションでもっとも大きなモジュールです．

日本実験棟「きぼう」は，日本の宇宙の家とよんでよいでしょう．国際宇宙ステーションには，いろいろな国のモジュールが取り付けられています．各国のモジュールは，それぞれの国によって運用管理されており，日本実験棟「きぼう」は，茨城県つくば市にある筑波宇宙センターのミッションコントロールセンターにおいて 24 時間体制で運用されています．いってみれば，私たちは宇宙に日本の飛び地をもっていること，すなわち，日本の別荘を宇宙にもっているといってよいかもしれません．ぜひ，私たちの宇宙の家を日本の若いみなさんにおおいに活用していただきたいと思います．

2.7 無重力の世界

宇宙は非常に不思議な世界です．その一つの理由は，無重力だからです．すべての物が浮いている世界．すべての物が浮いているとはどういうことでしょうか．机も椅子も存在していない，浮かんでいる物は何も落ちてこない世界です．ですから，図2.10のような搭乗員の記念写真（STS-123）も簡単に撮ることができます．

1961年，ガガーリンが宇宙に飛び出したときは，人間は宇宙で生き延びることができるのか誰も知りませんでした．水を飲むことができるのか，食べ物を摂ることができるのか，寝ることができるのか，見ることはできるのか，聞くことができるのか，話をすることができるのか，そして考えることができるのか，何も知りませんでした．ガガーリンが宇宙に飛び出してからすでに50年以上経過したいま，私たちは，そのすべての答えを知っています．

私たち人間は，宇宙で生きることができます．水を飲むことも，食べることも，寝ることも，見ることも，聞くことも，しゃべることも，普通にできます．もちろん，考えることもできます．人間は，宇宙で地上と同じように生活し仕事をすることができるのです．これは，ちょっと考えると，非常に不思議

図2.10　無重力の世界（NASA）

で素晴らしいことだと思います．私たちの身体は，地球が生まれて46億年の間，その中で生まれ進化してきたわけですが，その間一度も無重力という環境にさらされたことがなかったわけです．その人間が宇宙に行って，無重力状態でも普通に生き働くことができます．そういう力を自然は私たちに与えてくれたということは，本当に素晴らしいことだと思います．

実際の宇宙での暮らしをみなさんに説明しましょう．図2.11は，宇宙での暮らしのいろいろな場面を組み写真にしたものです．

a. 食べること

私がもっているのは，宇宙で初めてつくった日の丸弁当です．お米は粘着力があるので，容器にへばりついて無重力でも飛び散ることはありません．ご飯の上に梅干をのせて，はい，できあがり．日の丸弁当の横にあるのは，わかめの味噌汁です．インスタントの味噌汁を宇宙にもっていって，お湯を注ぎます．飲み物やスープはこのようにプラスチックの容器に入れられ，ストローで吸い込みます．いまは，日本食の宇宙食も増えています．ラーメンやカレーライスも宇宙で食べられます．STS-123ミッションでもっとも宇宙飛行士に人気があったのは，カレーライスとおいなりさんでした．

b. 運動すること

宇宙では無重力のために筋肉や骨が弱っていきます．そのために，宇宙での運動は欠かせません．私が着ているのは，宇宙用に特別に開発された運動着です．汗を表面に出すので，濡れることがありません．また，滅菌コーティングがされているので，1週間くらいは着続けることができ，宇宙では大変重宝しました．着心地も抜群でした．もちろん，宇宙ステーションには洗濯機はありません．洗わなくてもよい船内服がほしいですね．

3〜6カ月の長期宇宙ミッションでは，毎日2時間運動することも仕事です．現在の宇宙ステーションでは，宇宙用トレッドミルや自転車こぎのマシンで心肺能力を鍛え，ばねを使ったマシンで筋肉を鍛えることが可能です．

c. 寝ること

宇宙では，身体が無重力で浮いているためにとてもよく眠れます．ただ，身体を固定しておかないと，寝てる間にどこかにふわふわと浮いて漂っていってしまいます．そのために，宇宙ではこのように寝袋に入って眠ります．宇宙用

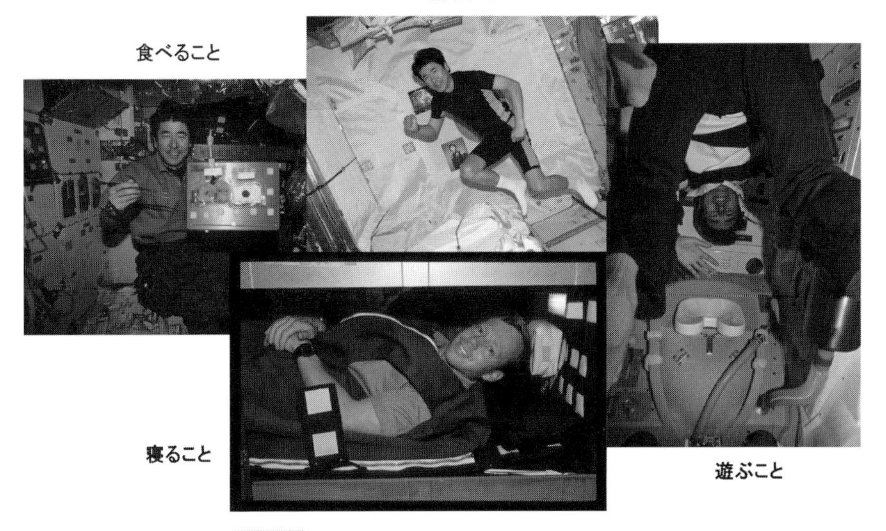

図 2.11　宇宙での暮らし（NASA）（口絵 4 参照）

の枕には，ベルトがついています．ベルトで枕を頭に固定しないと枕が使えないのです．無重力に慣れてしまえば，もちろん，枕なしでよく眠ることができます．

宇宙では，不思議なことが起こります．さあ，寝ようとモジュールの中を暗くし，目を閉じても，ときどきぱっと光が見えることがあります．それは，目の中のあちこちで光り，色がついています．光の原因は，網膜の神経に宇宙から来た放射線が当たって微小な電流が流れることだといわれています．

d. 遊ぶこと，トイレのこと

私が狭い部屋の中で，でんぐり返しをしています．宇宙の無重力状態では，こんなことも簡単にできてしまいます．私がいるのは，スペースシャトルのトイレです．頭の下のほうに座るところが見えています．スペースシャトルのトイレは，洋式です．トイレのタンクが宇宙空間につながっていて，常にタンクの中が大気圧よりもちょっと低いため，空気がいつも流れ込むようにできています．小便も大便もなれると快適に使うことができ，においもありません．スペースシャトルでは，小便はフィルターを通してきれいにされて宇宙空間に捨てられました．大便は地上への帰還までタンク内にためておかれました．

国際宇宙ステーションでは，さらに進歩したトイレが使われています．小便は何回もフィルターを通してきれいにされて，宇宙飛行士の飲料水として再利用されます．水は宇宙では大切な資源ですから，できるだけ捨てないようにすることが大事です．大便は，タンクにとっておかれ，貨物船が到着するとそこにのせられます．貨物船が地球帰還時に大気との摩擦で燃え尽きてしまうときに，大便も一緒に焼却処理されるというわけです．

2.8 宇宙実験

2.8.1 ライフサイエンス実験

宇宙の無重力を利用していろいろな実験を行います．無重力という地上にはない環境を使うことによって新しい科学を創ることが可能になるからです．図2.12は，日本実験棟「きぼう」の中にある実験ラックの一つ，細胞実験ラックです．細胞実験ラックの中には，細胞培養装置やクリーンベンチがあり，多様な生命科学実験をすることができます．

その一つに，いろいろな植物の発芽実験を行っています．植物の種が宇宙で本当に発芽し成長することができるかどうかを調べようという実験です．宇宙でも植物の種はきちんと発芽します．また，最近の実験では，植物はきちんと成長し，花をつけ，種をつくることができることがわかっています．将来的に人類が月や火星に進出するためには，私たちは宇宙で食物生産をしなければなりません．いってみれば，宇宙農業を始めるための基礎実験を，現在，行っているわけです．

無重力が人間の生理にどのような影響を与えるかを調べることも重要です．ここでは，骨の細胞の培養実験を説明しましょう．私たちの骨は，地球上の重力下でうまく働くようにつくられています．図2.12の右下の図の中で，骨芽細胞が常に新しい骨をつくっています．それとは逆に破骨細胞が古くなった骨を壊していきます．この2つの細胞がバランスよく働くことによって私たちの骨は成長し，また，常に新しく新鮮で強い骨をもつことができるわけです．ところが宇宙に行くと，どうもそのバランスが壊れてしまうのです．宇宙の無重

細胞実験ラック（JAXA/NASA）

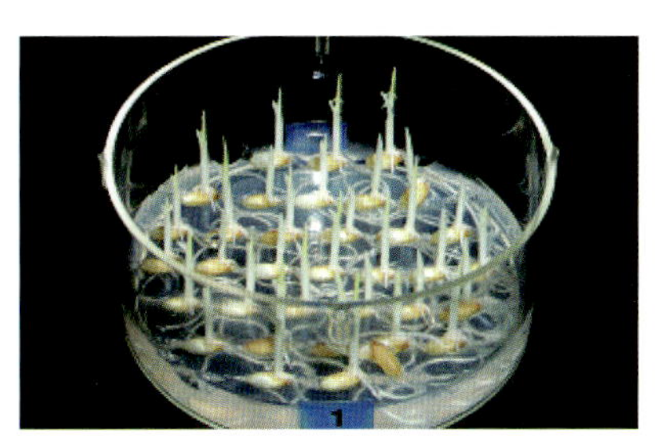

米発芽実験（JAXA）

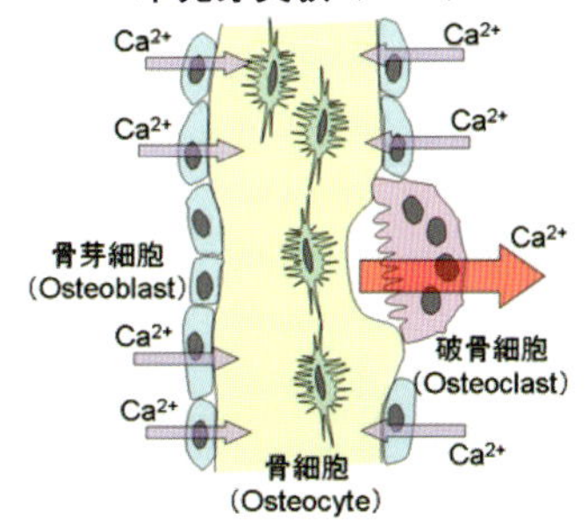

骨細胞培養実験（JAXA）

図 2.12　ライフサイエンス実験

力下では，破骨細胞はきちんと働いているのですが，骨芽細胞の働きが悪くなります．そのため，長期間宇宙にいると骨のカルシウムが抜け出ていき，骨密度が減少することになります．地上でも骨密度が減っていく病気があります．これはまさに私たちが年をとると発症する骨粗しょう症と同じです．ただし，宇宙では骨粗しょう症よりも約 10 倍の速さで骨密度が減少していくことがわかってきました．宇宙での骨密度の減少の問題は，私たちが長期に宇宙に滞在するときの大きな問題であり，また地上の骨粗しょう症を解決するために，いま，盛んに研究が行われています（第 5 章参照）．

2.8.2　流体物理実験

日本実験棟「きぼう」の船内実験室には，流体実験ラックがあります．流体実験ラックには，流体物理実験装置，溶液結晶化観察装置，タンパク質結晶生成装置などが取り付けられています．この中で，流体物理実験装置によって行われた実験を紹介しましょう．

地上では，温められた空気は軽くなり，上に昇っていきます．そのために雲ができて雨が降るのです．これが自然対流とよばれる現象です．宇宙は無重力状態ですから自然対流は発生しないのですが，そのかわりに，表面張力によって液体内部に対流が発生します．この対流のことをイタリア人の発見者カルロ・マランゴニ（Carlo G. M. Marangoni）にちなんで，マランゴニ対流とよんでいます．

図 2.13 は，マランゴニ対流の原理を説明しています．液体に自由表面があると表面張力が働きます．表面張力は，液体の温度が高いほど，また，溶質の濃度が高いほど，小さくなる性質があります．表面張力は，液体分子間同士の引力ですから，たとえば高温になって分子間の距離が長くなると小さくなるというわけです．そうすると，自由表面のある液体の片側を熱し，片側を冷やすと何が起こるでしょうか．表面張力は冷たい側の液体が強いですから，表面の液体分子は熱い方から冷たい方に動き始めます．このため，液体内部では今度は冷たい方から熱い方に液体分子が動き，全体で対流が発生するというわけです．もちろん，地上でもマランゴニ対流は発生していますが，自然対流の約 1/10 程度の強さなので，なかなか気づきません．

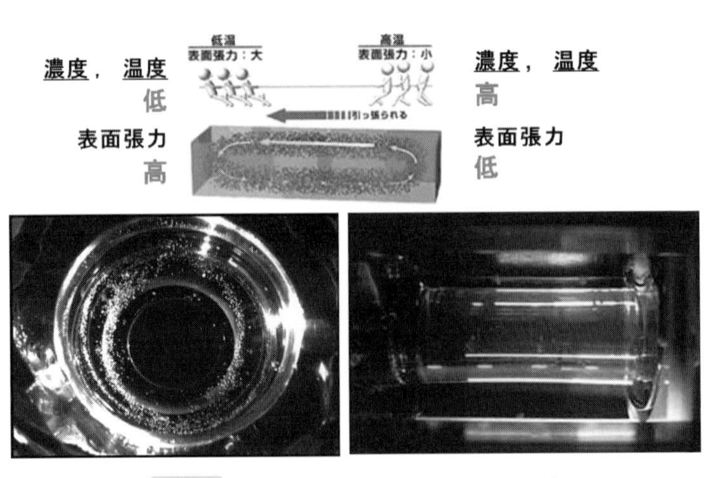

図 2.13　マランゴニ対流実験（提供：河村　洋）

日本実験棟「きぼう」にある流体物理実験装置を使って，マランゴニ対流の性質を世界で初めて詳細に調べることができました．図の右下は，シリコンオイルを使ってつくられた直径 30 mm，高さ 60 mm の液体柱です．地上では，重力のためにこれほど大きな液体柱をつくることはできません．左下は，液体柱を軸方から眺めたものです．液体柱の中の白点は，アルミ粉です．アルミ粉の動きから，液体柱の中の流れを観察することができます．実験では，液体柱の軸方向に温度差をつけ，内部でどのようなマランゴニ対流が発生するかが調べられました．温度差が小さいときは，マランゴニ対流は一様に流れ（層流）ていますが，温度差が高いと振動する流れに変わることがわかりました．また，液体柱の高さと直径比を変えることによって，軸対象の流れから 3 次元的な流れに変化し，いくつもの振動モードがあることが確認されました．

今回のマランゴニ対流実験結果は，新しい合金や半導体をつくるために宇宙で行われている溶液からの結晶成長に応用されることが期待されます．

2.8.3　宇宙絵画実験

図 2.14 は，私が行った宇宙絵画実験です．食べられるクレヨンを宇宙にもっていき，2 つの絵を描きました．一つはたくさんの円と色を使って描いた抽象画（図左下）です．これは，京都市立芸術大学の要請で描いたものです．色彩感覚や手の動作は，宇宙でも地上とあまり変わらないようです．無重力のために，クレヨンを目の前に浮かせて，好きな色を選ぶことも可能です．

もう一つの絵は，スペースシャトルの操縦席の後ろにある窓からスペースシャトルの荷物室と地球を描いたもの（図上）です．宇宙では，昼間でも空は真っ暗です．太陽だけが煌々と輝いています．宇宙から地球を見ると地平線が丸く，地球が 1 つの惑星であることがよくわかります．また，雲の白さと海の青に輝いています．地表は，黄土色から濃い茶色に見えます．地表と宇宙の間には薄い大気層があり，そこから青く透き通った光が発散されていて，その美しさにとても感動します．

このスペースシャトルと地球の絵を 4 つの異なる方向に並べてみました．みなさんは，どの絵がもっとも自然に見えますか．多くのみなさんが一番左の絵が自然に見えると答えるのではないでしょうか．それは，地球，すなわち，大

図 2.14　宇宙絵画実験：クレヨンスケッチ（NASA）

地が下にあるからです．実は，宇宙では，一番右側の絵が自然に見えました．宇宙では重力がないために上下の感覚がなくなること，また，地球が明るく輝いているので，明るく輝くのは「空」，すなわち，「上」という感覚が支配的になるためではないかと思います．

このように宇宙では，空間認知の仕方が地上とは異なります．また，遠近感覚もなくなるため，宇宙で描く絵画は地上の絵画とまったく違うものになるかもしれません．

2.9 真空の世界

2.9.1 船外活動

宇宙のもう一つの特徴は，そこが真空の世界だということです．真空の世界でも，人間は科学技術の力によって活動することができます．人類で初めて宇宙空間に出たのは，ロシア（旧ソ連）のアレクセイ・レオノフ（Alexey A. Leonov）です．1966 年に彼は約 20 分間の船外活動（宇宙遊泳）を行いました．それから 50 年以上経過して，現在の船外活動用の宇宙服を着ると，最大で約 8 時間の船外活動が可能です．

図 2.15 は，1997 年に STS-87 ミッションで行った船外活動の写真です．船外活動用の宇宙服は，ヘルメット，胴体部，下半身部，そして手袋の 4 つの部分から成り立っています．胴体部にはバックパックが取り付けられており，酸素ボンベ，二酸化炭素吸収剤，電池，水冷却システムが収められています．全重量は，約 130 kg になりますから，地上で船外活動用の宇宙服を着ると歩くこともできません．地上で船外活動の訓練をするときは，プールを使います．水の中に船外活動用の宇宙服を着てもぐると，水の浮力で宇宙服の重さを中和することができ，ちょうど宇宙に行ったときに近い状態をつくり出すことができます．

図 2.15 の左下は，私が船外活動用の宇宙服を着て，スペースシャトルコロンビア号のエアロックの中で待機しているときの写真です．船外活動中の宇宙服の中は，純粋酸素で 1/3 気圧に調節されています．1 気圧より低い圧力なので，1 気圧になれた身体をすぐに 1/3 気圧の環境に置くことはできません．血液中に溶けた窒素ガスが身体の中で泡になってしまい，潜水病のような症状を呈するからです．身体の中の窒素ガスを抜くために，エアロックで約 2 時間の

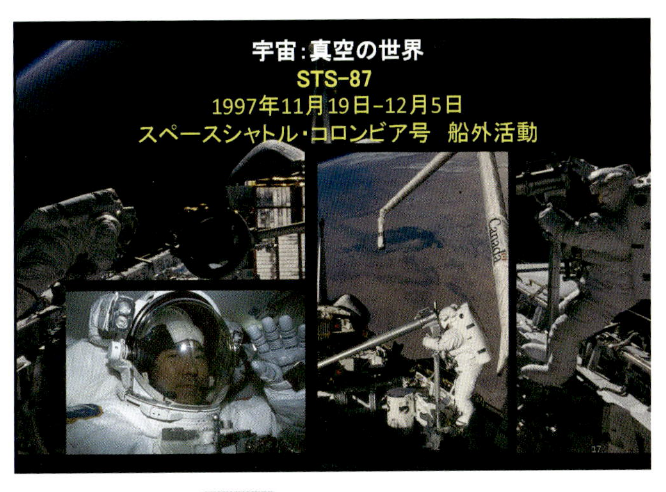

図 2.15　真空の世界（NASA）

間，純粋酸素を吸って待機する必要があるのです．

図2.15の中央の写真は，国際宇宙ステーション用に開発されたスペースクレーンを私が操作しているところです．私の頭上にロボットアームが見えています．これは昼間の写真ですが，日が当たっている表面は，摂氏100度に近い温度になっています．また，夜になると，摂氏−100度になります．このような極限環境の中でも，船外活動用の宇宙服は着ていると快適です．

この船外活動では，約1.5 tの重さの太陽コロナ観測衛星「スパルタン」を私の船外活動パートナーであるウィンストン・スコット（Winston M. Scott）と私で手づかみにして回収するという仕事や，スプリントとよばれる自動浮遊カメラを放出・回収するという仕事も行いました．

2.9.2　宇宙から見た地球

宇宙に行ってもっとも感動するのは，宇宙から地球を見ることです．宇宙ステーションは，地球の周りを90分で1周し，また北緯52度と南緯52度の間を行ったり来たりしていますから，地球上のいろいろなところを見ることができます．また，宇宙は真空ですから，地表はすぐ目の前にあるようにどこでも鮮やかに見えるのです．図2.16の地球の4枚の写真の説明をしましょう．

a. ヒマラヤ・エベレスト山

ヒマラヤ上空を飛んでいたときに写した写真です．ヒマラヤの8000 m級の山々が写っているのですが，宇宙から見ると山の高さがよくわかりません．遠近感がないのです．この写真には，世界一高いエベレスト山が左上に見えています．この三角形の影が，ちょうど北壁です．南に尾根がのびている様子がよくわかります．エベレスト山の高さは，8848 mです．

b. ガンジス川デルタ

インドのガンジス川のデルタが広がっています．デルタの中を網目のように細い川が流れている様子がよくわかります．このデルタ地帯は，マングローブの密林が生い茂っており，ベンガルトラの生息地でもあります．きっと人間の入ったことのない地域も写っているのではないかと想像するのも楽しみです．

c. 北極圏のオーロラ

国際宇宙ステーションがちょうどアラスカの近くを飛んでいたときに見えた

オーロラの様子です．オーロラは，地上から 100～500 km くらいの範囲で地球を取り巻く電離層にある原子や分子に太陽風が衝突することによって光って見えるのです（第 2 巻第 3 章参照）．緑色の光を発光している酸素原子の層が乱れ始めているのがわかります．このときは，満月の光で地上の様子もよくわかります．ちょうど北極圏の低気圧によってできた大きな渦が見えています．

d. 日本列島

国際宇宙ステーションは，日本の上空もときどき通過します．自分の見たい場所があるときは，前もって何日の何時何分にその場所の上を通ると調べておかないと，見過ごしてしまいます．この写真は，油井亀美也が撮影した関東地方の写真です．千葉の九十九里浜から大阪湾の淡路島まで一望に見えています．富士山がどこにあるかわかりますか．

2.9.3 宇宙から見た宇宙

宇宙からは，宇宙もよく見ることができます（第 3 巻第 3 章参照）．地上では大気があるために，宇宙から来るすべての電波や光を見ることができません．たとえば，ガンマ（γ）線とか X 線のような非常に波長の短い光や，赤外線のような波長の長い光も見ることができません．私たちが地上で見ることのできる光は，可視光とよばれている波長の領域が 400～700 nm の光です．ところが宇宙に行くと大気がないために，あらゆる波長の光を見ることができます．

図 2.17 は，日本実験棟「きぼう」の船外実験プラットフォームに備え付けられている X 線望遠鏡 MAXI です．大きさは，ちょうど街頭に立っている電話ボックスくらいです．X 線の波長は，1 pm～10 nm で可視光よりもずっと波長が短い電磁波です．X 線で宇宙を見ると，エネルギーの非常に高い現象を見ることが可能です．たとえば図 2.17 の左下は，X 線を放つ新しい星が生まれてくるところです．これは，ブラックホールの誕生を見ているのかもしれません．右側の写真は，この MAXI で見た銀河の様子です．私たちの銀河は，このように高いエネルギーをもつガスが充満しているのがわかります．

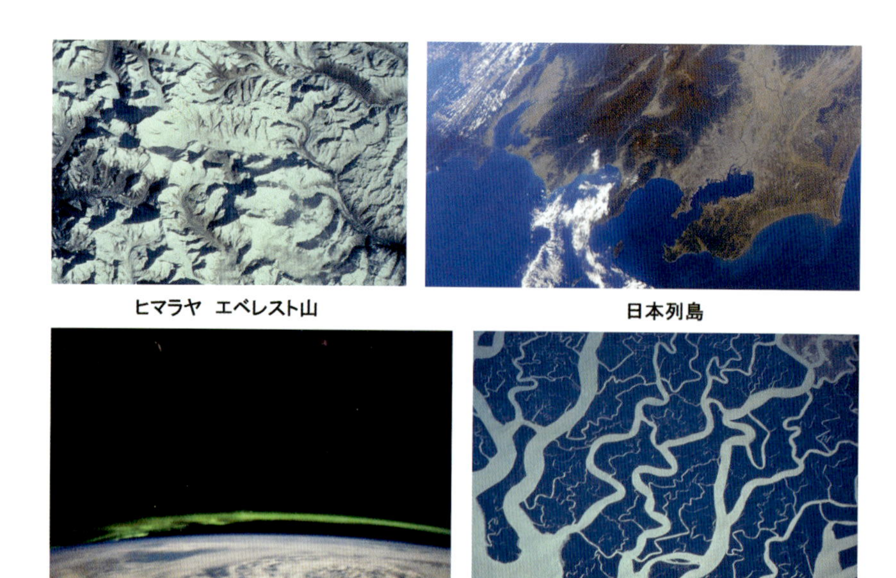

図 2.16　宇宙から見た地球（NASA）

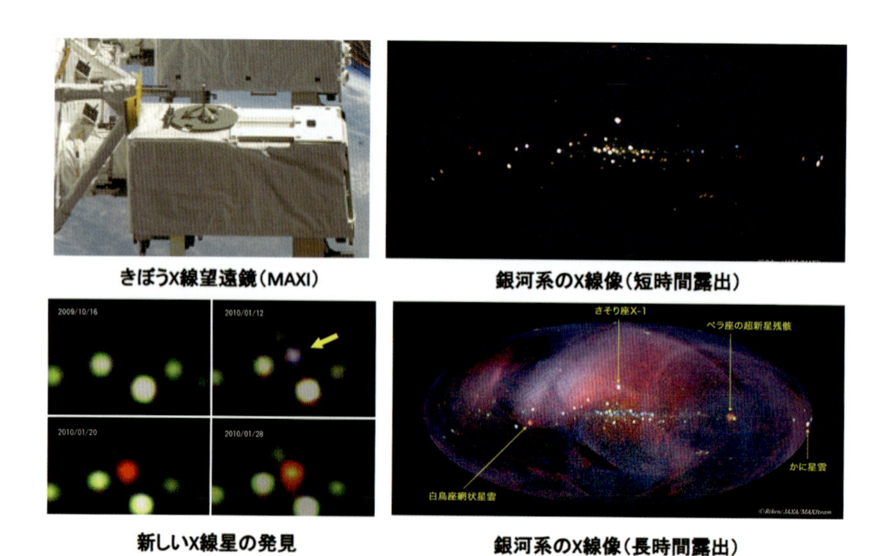

図 2.17　宇宙から見た宇宙：きぼう X 線望遠鏡（左上は JAXA/NASA，ほかは JAXA/RIKEN/MAXI チーム）

2.10 有人宇宙活動に思う

私は，1985年から日本の有人宇宙活動に参加してSTS-87（スペースシャトルコロンビア号）とSTS-123（スペースシャトルエンデバー号）ミッションに搭乗しました．私が宇宙に行くことができたのは，中学生3年生のときにニール・アームストロング（Neil A. Armstrong）船長が月面を歩くのを見て以来もち続けてきた宇宙への夢を追い続けてきたからにほかなりません．

私の宇宙飛行士としての活動を振り返るとき，そこには2つの感動があります．

一つは，地球の素晴らしさです．宇宙から見る地球は，暗黒の中に海の青さと雲の白さに燦然と輝く素晴らしく美しい星です．この星に生まれたことをとても誇らしく思います．また，同時に地球の丸い地平線を見ると，地球がひとつの惑星であることを実感します．地球上に生きているすべての生命体を宿し，宇宙の中を旅する宇宙船「地球号」そのものです．

私たちは，この素晴らしい地球をいつまでも美しいままで守っていかなければならないと強く感じます．

もう一つは，人間の素晴らしさです．国際宇宙ステーションという巨大な有人宇宙施設を作り上げることのできた人類．国や言葉や文化の違いを乗り越えて協力することによって，人間は素晴らしい事をやり遂げることができることを証明しました．国際宇宙ステーションは，まだ私たちの宇宙展開の始まりにすぎません．地球上のすべての人たちが協力することによって，私たちは，地球から宇宙に広がる社会，そして文明を築くことができるに違いありません．

広大な時間と空間に広がる宇宙の中で，人類は有人宇宙活動を行う科学技術を獲得しました．地球という星の中で生まれ育まれてきた人類は，いまや，地球の生命の代表として，いや，地球の生命とともに，宇宙に広がっていくことができるのです．はるか昔，私たち人間の祖先がアフリカの森を出て世界に広がり今の文明を作ったように，私たちは，今，新しい進化の始まりに立っているのです．

chapter 3

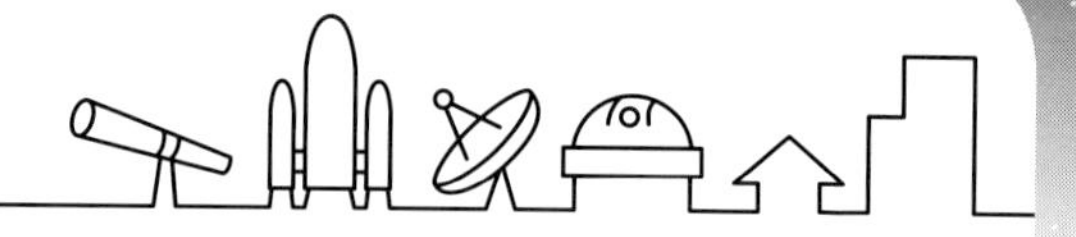

宇宙機の軌道設計

坂東麻衣

太陽系を航行する宇宙機は，天体からの重力の影響を受けながら運動します．できるだけ少ない燃料で，かつできるだけ速く太陽系内を移動したり，逆にある場所の近くにずっととどまったりするためには，天体の重力をうまく利用した軌道を設計する必要があります．本章では宇宙機の軌道設計について説明します．

3.1 深宇宙への旅

生身の人間が行ったことがあるのは月までですが，人類はこれまでにたくさんの無人探査機を月よりも遠くの宇宙，つまり深宇宙へと送り出し，惑星や小惑星など太陽系の様々な天体を探査しています．広大な太陽系の宇宙空間を宇宙機がどのように旅するか，みなさんはご存知でしょうか．ロケットエンジンを噴射しながら，まるで大海原を進む船のように自由に飛び回るイメージをもっておられるかもしれません．ですが，一見何も障害物がないように見える宇宙空間は，実はそれほど自由に飛び回ることができるわけではありません．

地球の大気圏を飛び出した宇宙機も，地球，太陽，そして他の天体からの重力を受け続けます．天体から働く重力に逆らって宇宙空間を自由に飛び回るには膨大なエネルギーが必要で，そのために必要な燃料をすべてもっていくことは現実的ではありません．ですから，宇宙機が宇宙空間を移動するためには，天体からの重力をうまく利用しながら，できるだけ少ない燃料で，かつできるだけ短時間に行きたい場所に行けるような「軌道」を探さなくてはなりません．これが「軌道設計」または「軌道工学」とよばれる分野で，本章のテーマです．以下では軌道設計の基本と，様々な軌道について解説し，それらを使った実際のミッションについてもいくつか例を紹介します．人工衛星の軌道制御については，第3巻第4章の大塚敏之の解説をご覧ください．

3.2 三体問題

惑星が太陽の周りを楕円軌道を描いて回っていることはご存知だと思います．より一般的には，万有引力で引き合い，ニュートンの運動方程式に従って運動している2つの天体は，2つの天体を合わせた重心にあたる重力中心の周りを回ります．太陽と地球のように質量が大きく異なる場合は，軽い方の天体が重い方の天体に与える影響は近似的にないものと考えることができます．いずれにせよ，2つの天体が引力を及ぼし合いながら行う運動を二体問題とよびます．二体問題は「解析的に」解くことができます．つまり，紙と鉛筆を使って運動方程式を解くことで，天体の軌道を数式で書き表すことができるということです．そして，二体問題を解くと天体の軌道は太陽を焦点とする楕円軌道，放物線軌道，双曲線軌道のいずれかになることが導かれます．これらの二体問題の軌道は，天体の運動法則を発見したドイツの天文学者ヨハネス・ケプラー（Johannes Kepler）にちなんでケプラー軌道ともよばれます．

これに対し，3つの天体が万有引力を及ぼし合いながら行う運動を論ずる問題を三体問題といいます．三体問題の運動方程式の解を求めることは18世紀頃から数学者や天文学者の関心を引いてきましたが，解析的に一般解を求めることはできないことが数学者のジュール=アンリ・ポアンカレ（Jules-Henri Poincaré）によって示されました．このため，三体問題の運動は計算機を用いた数値計算で解くことでしか知ることができません．

円制限三体問題というのは，三体問題の特別な場合で，互いに質量中心周りを円運動する2つの主要な天体（たとえば，太陽と木星）と相対的に質量の無視できる第3天体の運動を考える問題です．太陽と地球の二体問題では地球の質量を無視して考えることができるという例を先にあげましたが，その三体問題版です．1つの物体の運動だけを考えればよいので三体問題よりも少し扱いが容易になります．

円制限三体問題には，ある特別な初期値に対する「特殊解」が知られていま

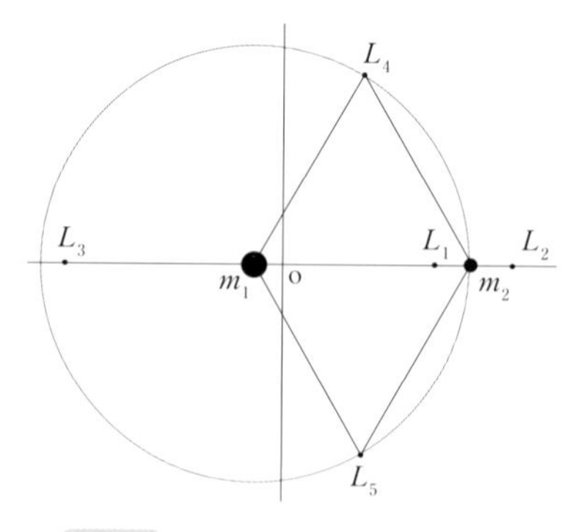

図 3.1　ラグランジュ点（$m_1 > m_2$）

す．その一つがラグランジュ点とよばれる5つの点です．ラグランジュ点はいわゆる力学的平衡点，つまりその点にある物体に働く2つの主要天体からの重力が釣り合っている点です．このため，2つの主要天体から見れば静止して見える（2つの主要天体とともに回転する座標系においては静止している）ことになります．

図3.1に5つのラグランジュ点の位置を示します．2つの主要天体 m_1, m_2 を結ぶ直線上に L_1, L_2, L_3 点，2つの主要天体を結ぶ直線を底辺とする正三角形の頂点上に L_4, L_5 点があります．太陽–木星系の安定な平衡点である L_4, L_5 点付近にトロヤ群小惑星とよばれる小惑星群が存在することが知られていますが，その形成メカニズムは謎です．また，太陽–地球系の不安定な平衡点で，地球から見て太陽の反対側にある L_2 点は，惑星間飛行への中継点（深宇宙港）として注目を集めています．

このように，円制限三体問題は天体力学の問題としては古典的なものですが，数値計算によってしか振る舞いを知ることができないという難しい要素を含み，かつ宇宙工学の問題としては最新の内容を含んでいます．以下では円制限三体問題と宇宙機の軌道設計について紹介します．

3.3 回転座標系

制限三体問題では，2つの主要天体に対して，第3天体は質量が十分に小さ

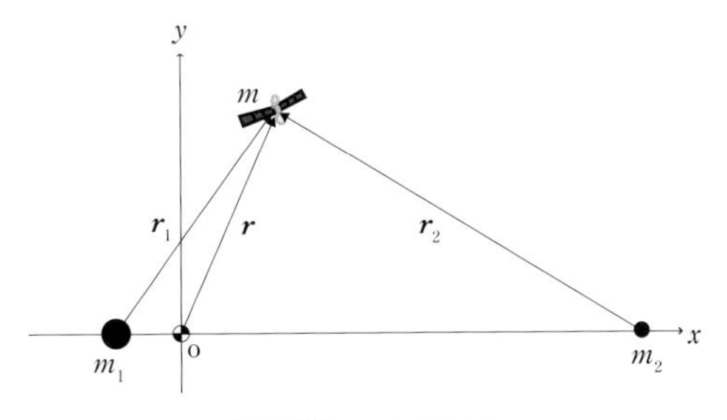

図 3.2　回転座標系

く，その物体による重力は2つの主要天体の運動には影響を与えない，と近似的に考えます．このため2つの主要天体は二体問題，つまりよく知られるケプラー運動をすることになります．ケプラー運動には円軌道，楕円軌道，双曲線軌道の3種類がありますが，そのうちの円軌道を考えるのが円制限三体問題です．つまり，2つの主要天体は2天体の重心の周りを円軌道で運動していることを仮定しますが，このような状況は，たとえば，太陽と地球，地球と月，太陽と木星など実際の太陽系の惑星の多くが円軌道に近い軌道をとっていることからしばしば考えられる状況であることがわかります．

次に，主要天体の運動が円軌道であることを利用して第3天体の運動を記述するために便利な座標系を導入しておきましょう．先ほど考えた2つの主要天体の運動は変わることはありませんので，2天体と同時に一定角速度で回転する座標系から運動を記述することを考えます．図3.2のように2つの天体の重心に原点をもち，2天体をつなぐ直線を x 軸，それと垂直な方向に y 軸，紙面と垂直な方向に z 軸をとった回転座標系をとることができます．主要天体のうちの一つ（たとえば地球）から見た運動は，この回転座標系で表現される運動ということになります．

ここまでは，主要天体と第3天体の運動を考えてきましたが，これから先は主に2つの天体と（それらに比べて十分小さな）宇宙機の運動を扱っていきますので，以下では第3天体を宇宙機に置き換えてその運動を考えていきましょう．

物体の運動を記述することはニュートンの運動方程式を解くことと同じですが，それは円制限三体問題の場合でも同じです．円制限三体問題での宇宙機の運動を記述するためのニュートンの運動方程式をたてるために，物体に働く力を考えてみましょう．まず，円制限三体問題では，2つの大きな天体からの万有引力（重力）が運動を支配することになります．

さて，回転座標系での運動を記述する場合には，その補正項であるコリオリ力，遠心力が働くことになります．コリオリ力と遠心力はどちらも慣性力とよばれる見かけの力です．力が働いていない状態では物体は等速直線運動をしようとします．ある物体が等速直線運動をしているとき，その空間に対して回転している座標系で見ると，まるでその物体に力が働いているように見えるということです．遠心力は車がカーブを曲がっているときに外側に押されるように見える力のことで，日常生活でも感じることの多い力です．コリオリ力は回転座標系で運動したときに速度と垂直な方向に働いているように見える力です．回転座標系での宇宙機の運動（＝地球から見たときの宇宙機の運動）は，2つの天体からの重力項，コリオリ力，遠心力のもとでニュートンの運動方程式を解けば知ることができるといえます．

ところで，これらの3種類の力のうち，重力と遠心力は物体の位置に依存して大きさが決まる力です．一方，コリオリ力というのは物体の速度に比例して生じる力で，物体の位置には依存しません．物体に働く力が物体の位置により決まる「場」という考え方をすると，コリオリ力を除く2種類の力を発生させる力の場というものを考えることができます．重力と遠心力を生み出す擬似的なポテンシャル場を表したのが図3.3です．ポテンシャル場を地上でいうところの地面の凹凸のようなものだと思うと直感的に理解できます．つまり，ポテンシャル場に置かれた物体は，そのポテンシャル場のような凹凸の地面に置かれた球体が斜面を転がるように運動することになります．ここで，「擬似的」といった理由は，実際にはコリオリの力も働きますので，宇宙機が運動を始めると，宇宙機は運動と垂直な方向の力にも同時に受けながら運動することになるためです．

もう一つ，回転座標系での宇宙機の運動を考える上で重要な「ヤコビ定数」という概念を定義しておきましょう．ヤコビ定数というのは回転座標系において運動の定数となる量で，軌道に沿って一定の値が保たれます．このヤコビ定数は宇宙機のもつトータルの力学的エネルギーと似たような量になっており，

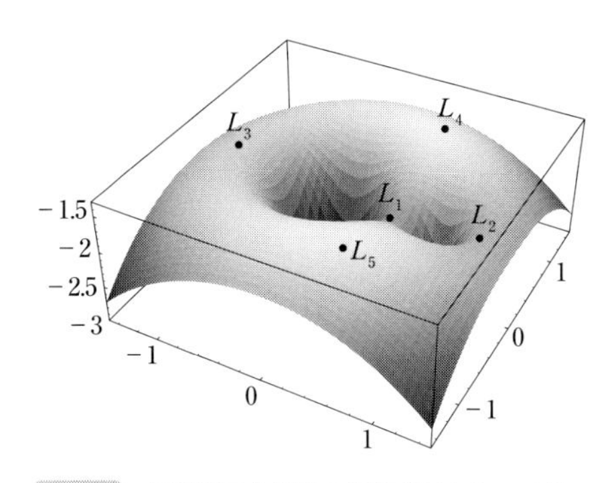

図 3.3　円制限三体問題の擬似ポテンシャル場
図中の数値はヤコビ定数にマイナスの符号をつけた値.

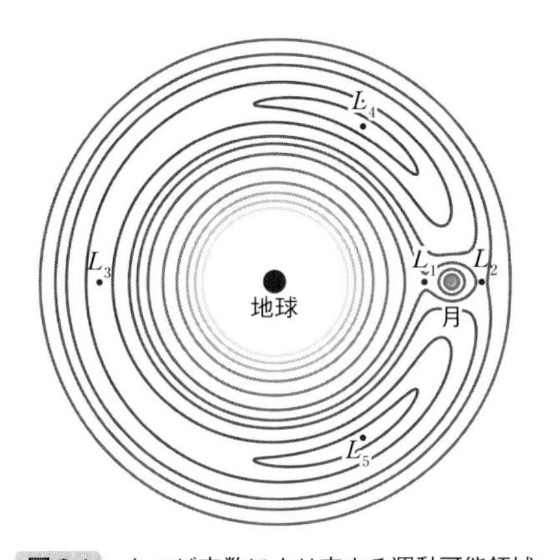

図 3.4　ヤコビ定数により定まる運動可能領域

その大きさにより，円制限三体問題の回転座標系における運動可能領域を定めることができます．いくつかのヤコビ定数で運動可能領域を図示したものを図3.4に示します．図3.4のそれぞれの線は図3.3の上下をちょうど逆にした等高線になっていて，たとえば，L_1 点より L_4 点の方がヤコビ定数の値が小さな値であるため，L_1 点と同じヤコビ定数で運動を始めた宇宙機は絶対に L_4 点に到達できないことがわかります．このことは，斜面に初速度0で物体を置き，ポテンシャル面として表される斜面を運動するとき，初期状態における高さ以上の高さに運動が到達することはないことと対応しています．逆に L_4 点と同じヤコビ定数で運動を始めた宇宙機は，全空間が運動可能になります．

3.4 ラグランジュ点

円制限三体問題の5つの力学的平衡点であるラグランジュ点の場所についてくわしくみていきましょう．復習すると，ラグランジュ点というのは，回転座標系とよばれる2つの主要天体と一緒に回転する座標系において，2つの天体からの重力が釣り合い物体が静止することができる場所のことをいいます．静止する物体に働く力は，2つの天体からの重力と遠心力であるので，これらが釣り合う場所がラグランジュ点となり，図3.1のように5つの平衡点が存在することがレオンハルト・オイラー（Leonhard Euler）とジョゼフ=ルイ・ラグランジュ（Joseph-Luis Lagrange）により発見されました．主要天体を結ぶ直線上に3つの平衡点があり，これらはオイラーが発見したことからオイラーの直線解とよばれています．ラグランジュにより初めて発見された残りの2つの平衡点は，2つの天体を結ぶ直線を底辺とする正三角形の頂点に位置し，正三角形解とよばれています．

回転による遠心力に天体からの重力が釣り合う，回転座標系において静止する場所であるため，慣性座標系から見た場合には，2つの主要天体と一緒に回転しているように見えることになります（図3.5）．このことは，たとえば太陽

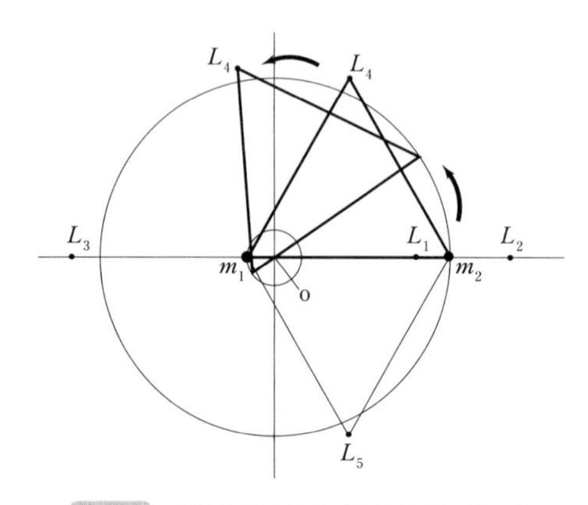

図3.5 慣性座標系から見たラグランジュ点

と地球系の円制限三体問題を考えた場合に，ラグランジュ点は太陽と地球から見ていつも同じ場所にあるということを意味します．この「地球から見て常に同じ場所にある」という性質を利用して様々な宇宙科学，工学ミッションが提案されています．

3.4.1　ラグランジュ点の安定性

次にラグランジュ点の力学的な性質である「安定性」について考えていきたいと思います．ここで考える安定性というのは，力学的平衡点にある物体を少し動かした（このことを，「摂動」を加えると表現します）ときに物体が近くにとどまるか，あるいはどんどん離れていく（発散していく）かを表す性質です．たとえば，斜面の上の平衡点に静止状態にある物体と斜面の谷底の平衡点に静止状態にある物体を想像してみましょう（図 3.6）．物体に少し外力を与え平衡状態から少し動かしたとすると，物体はどのような運動をするでしょう？この簡単な例では斜面の上にあった物体は斜面に沿って転がり落ち，谷底の物体は（摩擦がない斜面であれば）平衡点の周りを振動し続けることになります．このため，前者の平衡点は「不安定」な平衡点，後者の平衡点は「安定」な平衡点と表現されます．

ではラグランジュ点の安定性ついて考えてみましょう．まず，本節の冒頭で考えた回転座標系における力学的平衡点であるラグランジュ点は，図 3.3 の擬似ポテンシャル場において平らな場所になっていることがわかります．斜面の傾きがない平らな場所である平衡点に物体を置き，小さな摂動を加えることを考えます．直線解（L_1, L_2, L_3 点）では，重力ポテンシャルの深い谷底が近くにあるので，たちまち斜面の下に転がり落ち，不安定であることが知られています．

一方，正三角形解（L_4, L_5 点）は，主要天体から離れた場所にあり比較的な

図 3.6　安定な平衡点と不安定な平衡点

だらかな斜面の上にあることがわかります．このため，L_4, L_5 点にある物体に少し摂動を加えると，なだらかな丘に沿って転がり落ちることになります．しかしながら，回転座標系では動き出すと同時にコリオリ力という力が働くため，物体の運動は曲げられていきます．その結果，L_4, L_5 点から少し動かされた物体は，斜面を転がり落ちることなく，L_4, L_5 点のあたりにとどまり振動し続けることになります．

以上は定性的な説明でしたが，実際には斜面のなだらかさは主要天体の質量比によって決まるため，L_4, L_5 点が安定であるための条件も質量比によって決まり，質量比が 0.03852 より小さいときに安定となります（くわしくは木下，1998 などを参照）．このような状況は，太陽系の多くの太陽–惑星系の L_4, L_5 点で成り立っていることが知られています．

3.4.2　ラグランジュ点近傍の物体の運動

ラグランジュ点のうち主要天体を結ぶ直線上の直線解（L_1, L_2, L_3 点）の近くでの物体の振る舞いをみていきましょう．それらが不安定な平衡点であるのは天体がつくり出す深いポテンシャルの井戸が原因であることを，擬似ポテンシャル曲面の図を使って説明しました．ところで，同じ図 3.3 で L_1, L_2 点をよく見ると，実は擬似ポテンシャルの鞍点になっていることがわかります．鞍点とは，つまり，ある方向に沿ってはポテンシャルの極大で，それとは別の方向に沿ってはポテンシャルの極小である点であることを意味しています（図では確認しづらいですが，L_3 点も同様に鞍点になっています）．このラグランジュ点 L_1, L_2, L_3 点がポテンシャルの鞍点であるという性質によって，これらの点の周辺では非常に多様な運動が現れます．またこの性質は，軌道設計という工学的な立場では，解析解が存在しない三体問題に取り組む際の重要な手がかりとしての役割を担っています．

次に説明するのは少し発展的な内容です．実は，2 つの天体からの重力のみのもとでの宇宙機の運動のような非散逸的な（エネルギーが保存するような）系では，平衡点から発散する（不安定な）方向が存在するとき，それと対をなす漸近安定な方向が存在するということが知られています．ここで，「漸近安定」というのは先ほどの正三角形解の安定性の話で登場した「安定」より強い

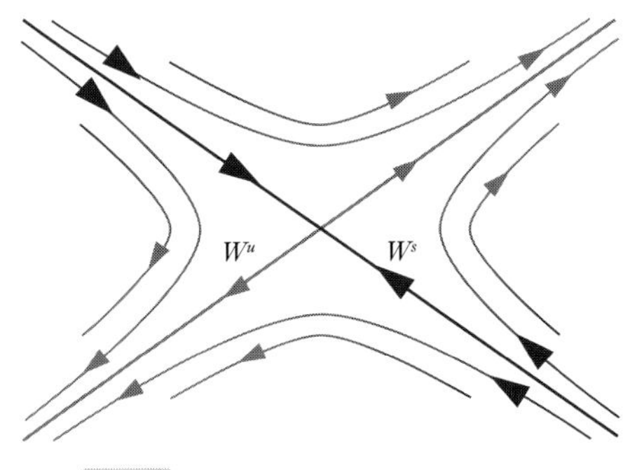

図 3.7　平衡点周りの不変多様体の様子

意味での安定な性質を表す言葉で，時間を無限大までのばしたときに平衡点にいくらでも近づくことができるという性質を表しています．漸近安定な方向と不安定な方向を 2 次元平面に模式的に表したのが図 3.7 です．図 3.7 の W^s 上に置かれた物体は W^s 上を平衡点に向かって収束していきます．一方，W^u 上に置かれた物体は W^u を平衡点から離れる方向に向かって発散していくことになります．そして，2 本の直線以外の場所に置かれた物体は，不安定方向に引き寄せられるようにして，発散していくでしょう．このとき，これらの 2 本の直線を力学系という分野の言葉で「不変多様体」，特に，平衡点に収束する点の集合である W^s を安定多様体，時間逆向きの系を考えたときに平衡点に収束する点の集合である W^u を不安定多様体と表現します．ラグランジュ点を利用したミッションや，三体問題の特殊な軌道を利用したミッションではこれらの不変多様体という構造を積極的に利用することで，平衡点がもっている力学的性質をフル活用した軌道設計が考案されています．

最後の説明は少々難しかったかもしれませんが，宇宙機がどのようなルートで宇宙空間を移動するのかを決めるためにも数学がフル活用されているという雰囲気だけでも感じてもらえたらと思います．

3.5　円制限三体問題の周期軌道と宇宙探査への応用

ある周期で同じ軌道を繰り返すような場合を周期軌道とよびます．1 つの天体の重力のもとでの運動を考える二体問題では，中心天体を焦点とする円軌道や楕円軌道といった周期軌道の存在が知られています．たとえば，地球の周りを周回する人工衛星は，地球という中心天体の周りに存在する円軌道あるいは楕円軌道をとることで地球の周りを周回し続けることができるのです．周期軌道は軌道設計上とても重要な概念です．

さて，円制限三体問題においても，二体問題のような周期軌道が存在することが知られています．さらには，二体問題の円軌道，楕円軌道のように解析的に表すことはできませんが，それ以上に多くの種類の周期軌道が存在することが知られています．また，3 次元の運動を考えると，周期軌道だけでなく，軌道が永久に閉じることのない準周期軌道という軌道が存在することが知られています．まったく同じ場所に戻ってくるわけではなく，少しずつずれるけれど大体同じような軌道を繰り返しとるのが準周期軌道です．

円制限三体問題の周期軌道のいくつかをみていきましょう．まず 2 つの主要天体と同じ軌道面（xy 平面）に存在する周期軌道にリアプノフ軌道というものがあります．リアプノフ軌道は中心天体の周りの軌道ではなく，L_1, L_2, L_3 点の周りに存在する周期軌道で，L_1, L_2, L_3 点それぞれのラグランジュ点に対してエネルギーレベルに応じたサイズの周期軌道が存在しています．たとえば，地球–月系の L_2 点とその周りに存在するリアプノフ軌道を図 3.8 に示します．実は，図 3.8 に示したリアプノフ軌道はすべて不安定な周期軌道であるため，放って

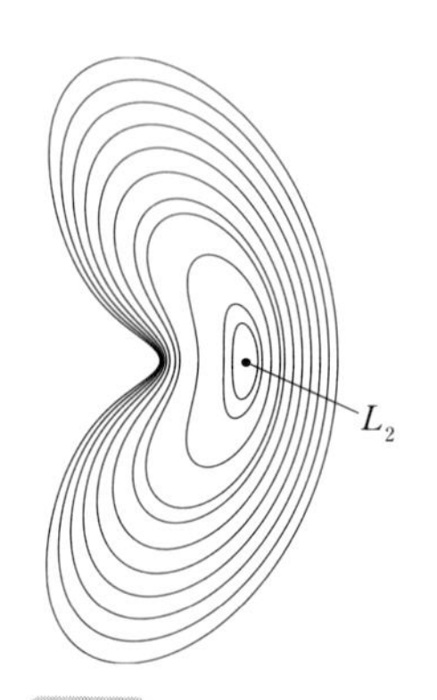

図 3.8 リアプノフ軌道

おくと，宇宙機は周期軌道から離脱していってしまうため，軌道を維持するためにはマニューバ，つまり推進システムを使って軌道を修正することが必要になります．

これに対して，同じ xy 平面に存在する周期軌道の中には，軌道維持のマニューバが必要ない，安定な周期軌道も存在しています．第 2 天体周りのケプラー軌道の延長に存在する DRO（distant retrograde orbit）とよばれる軌道がその一つです．DRO は高い安定性をもつことが知られています．

次に，ラグランジュ点の周りの 3 次元の周期軌道であるハロー軌道についてみていきましょう．ハロー軌道もリアプノフ軌道と同様に不安定な周期軌道ですが，3 次元的な運動であるため，月へのミッションにおいてハロー軌道を利用する方法が研究されてきました．ハロー軌道は月との通信に特に有用です．というのも，ハロー軌道は月と地球の軌道面外方向に軌道をとるため，宇宙機が月の影に入ることなく地球との通信を行うことができるからです．図 3.9 に L_2 点とその周りに存在するハロー軌道を示します．さらに，図3.9の xy 平面に対称な位置にも同様のハロー軌道が存在することが知られ，それぞれ北側，南側のハロー軌道とよばれています．

以上で紹介したのは円制限三体問題の周期軌道のほんの一部で，実際の周期軌道の種類はさらに多くのものが知られています．大別すると，ラグランジュ点周りの周期軌道，第 1 天体周りの周期軌道，第 2 天体周りの周期軌道とレゾナント軌道（共鳴軌道）とよばれる軌道に分類することができます．このう

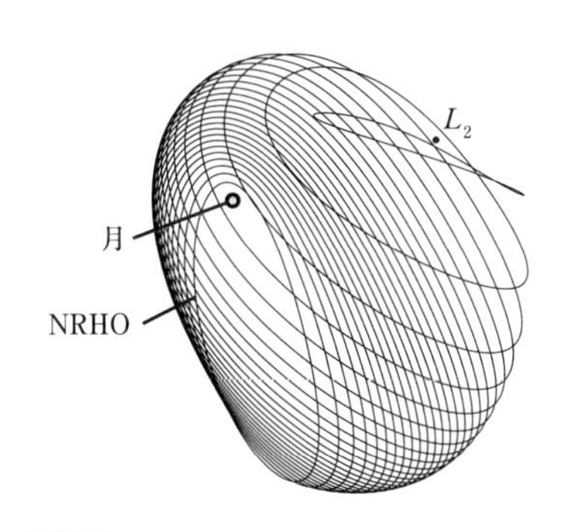

図 3.9　地球–月系のハロー軌道と NRHO

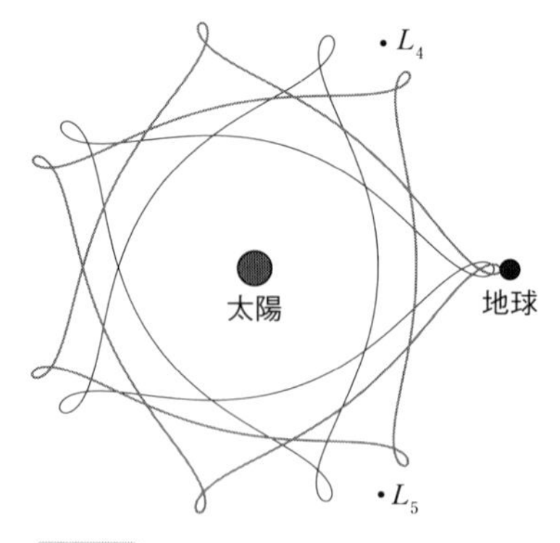

図 3.10 太陽–地球系のレゾナント軌道

ち，最後の共鳴軌道というのは平均軌道共鳴とよばれる公転運動を行う 2 つの天体が周期的に重力を及ぼし合う結果生じる軌道です．平均軌道共鳴という現象は二体問題のケプラー軌道においても生じる現象で，軌道周期の比が整数で表される特殊な軌道のことをいいます．三体問題の共鳴軌道は，二体問題の共鳴軌道では考慮されていない第 2 天体の重力の影響を考慮した軌道であり，たとえば，地球–月系のレゾナント軌道は，地球の周りを回る月の軌道周期と整数比の軌道周期をもつ三体問題の周期軌道のことをいいます．図 3.10 にレゾナント軌道のいくつかを示します．

ハロー軌道は軌道の面外方向の成分を大きくしていくと図 3.9 のように次第に軌道傾斜角が大きくなり，軌道面に対して垂直な向きに近づいていきます．特に面白いのが NRHO という近年発見された軌道です．NRHO というのは near rectilinear halo orbit の略語で，先ほど紹介したハロー軌道とよばれる周期軌道に属する軌道の一種です．rectilinear というのは「直線的」という意味で，それは NRHO の形状が，月を南北に回る高度 1500〜7 万 km という細長い直線のような軌道をとるためです．この NRHO とよばれるハロー軌道は他のハロー軌道に比べ，安定性が高く，ほとんど軌道修正をせずに長時間回り続けることができるのです．このため，「深宇宙ゲートウェイ」とよばれる，深宇宙探査機が月・火星ミッションの起点として利用するための基地をつくる計画が提案されています[1]．

3.6 不安定周期軌道に付随するチューブ構造

3.5節ではラグランジュ点の周りのリアプノフ軌道やハロー軌道といった不安定な周期軌道を紹介しました．これらの軌道は，三体問題の「チューブ構造」とよばれる興味深い軌道群を生み出します（数学的には，直線解のラグランジュ点のポテンシャルの鞍点に位置する双曲的とよばれる性質に関連しています）．

まず，周期軌道の安定性についてくわしくみていきましょう．周期軌道は軌道上に並んだ無数の点の集合とみることができます．無数の点の集合に対してそれが「安定かどうか」を定義するため，図3.11のように周期軌道上の適当な場所に断面を設定します．次に，周期軌道に摂動を与えたときのその軌道がどのように変化するかを，その断面上で軌道との交点がどのように動くかによって観察します．すると，断面上では，軌道は点の列となって現れることになります．このとき，周期軌道を原点とすれば，原点に向かって点列が近づいてゆく（収束する）性質を漸近安定，原点から点列が遠ざかっていく性質を不安定

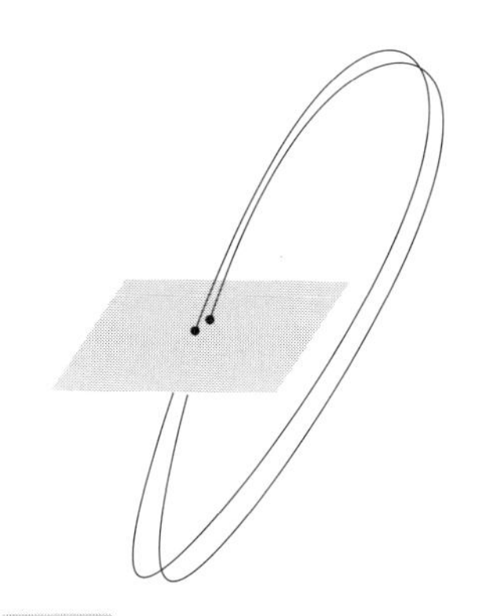

図 3.11 周期軌道とポアンカレ断面

1） 参考 : https://www.nasa.gov/feature/deep-space-gateway-to-open-opportunities-for-distant-destinations（最終確認日 2019.9.20）

といいます．つまり，もしその周期軌道が漸近安定であれば，その周期軌道に近い軌道に入った宇宙機はだんだんと周期軌道に近づいてゆきます．それに対して不安定であれば，たとえ周期軌道に入ったとしても放っておくとどんどんその軌道からずれてしまいます．

図 3.12 は，地球と月の間のラグランジュ点 L_1 の近くで，安定な軌道の集合を濃い灰色（W^s），不安定な軌道の集合を薄い灰色（W^u）で書いたものです．たくさんの軌道の集合がチューブ状の構造をしていることがわかります．安定なチューブ W^s にのった宇宙機は，漸近的にラグランジュ点周りの周期軌道であるリアプノフ軌道（黒線）に近づき，不安定多様体のチューブ（W^u）にのった宇宙機はチューブ上をリアプノフ軌道から離れる方向に運動していくことを意味します．

この軌道の集合体としてのチューブ構造を数学的に説明すると以下の通りです．まず，上の議論で使った，断面状で周期軌道を表す原点は，物理学の専門用語で「離散力学系の不動点」に相当します．この離散力学系の不動点に対して，3.4.1 項で平衡点を定義したのと同様の方法で，不動点に加えられた摂動に対する安定性をみることで，不動点の安定性を考えることができ，この不動点の安定性は周期軌道の安定性と同様の意味をもちます．さらに不動点からのびる安定な方向と不安定な方向として定義される安定多様体と不安定多様体と

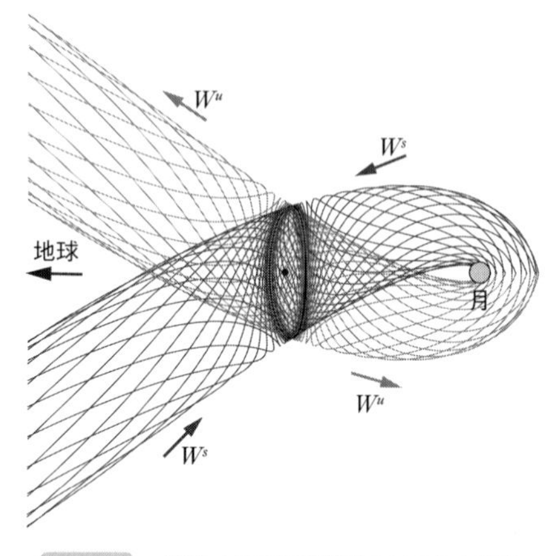

図 3.12　地球–月系の周期軌道と不変多様体

いう2種類の不変多様体を定義することができます．この不動点をとる断面は周期軌道上のどこでとってもよいので，周期軌道上のすべての点において安定・不安定多様体を定義できることがわかります．周期軌道上のいくつかの点を抜き出して，その点を不動点とする安定・不安定多様体を描いたものが図3.12です．この不変多様体というのが軌道の集まりで2次元あるいは3次元のチューブのような構造をつくり出しています．

3.7 チューブ構造を利用した軌道移行

3.6節で紹介した，周期軌道を発端とする不変多様体のチューブ構造は低エネルギー軌道移行という新たな軌道設計の分野を切りひらきました．低エネルギー軌道というのは，二体問題の軌道移行ではインパルスとよばれる瞬間的な速度変化を使用した高エネルギーの軌道が用いられることに対応して用いられる言葉です．大量の燃料を消費して速度を大きく変化させるのではなく，チューブ構造を利用して小さなエネルギーで目的の軌道へ移行するということです．

2001年NASAにより打ち上げられたジェネシス探査機は太陽–地球系のL_1点周りのハロー軌道に投入されました．ハロー軌道をおよそ5回横切った後，2年間以上をハロー軌道で費やし太陽風サンプルを集めました．その後，地球をはさんで反対側のL_2点を経由し，地球に戻る軌道をとりました．このL_2点への寄り道は，地球の昼間側にパラシュートでカプセルを投下させるために必要でした．このミッションは先ほど説明した不変多様体とよばれる三体問題の軌道の性質を利用することで実現されたミッションといえます．

このチューブ構造を利用して異なるラグランジュ点周りの周期軌道間を移行することを考えてみましょう．以下ではL_1点周りのリアプノフ軌道とL_2点周りのリアプノフ軌道間の移行を例に，それらを行き来するための軌道の設計法を紹介していきます．ここでは，重力のみを利用した弾道飛行で，つまり推進システム利用などの速度変化を使うことなく軌道移行をすることを考えましょう．重力のみを利用するということは力学的エネルギーが保存するということですが，3.3節で述べたように円制限三体問題では保存量としてエネルギーで

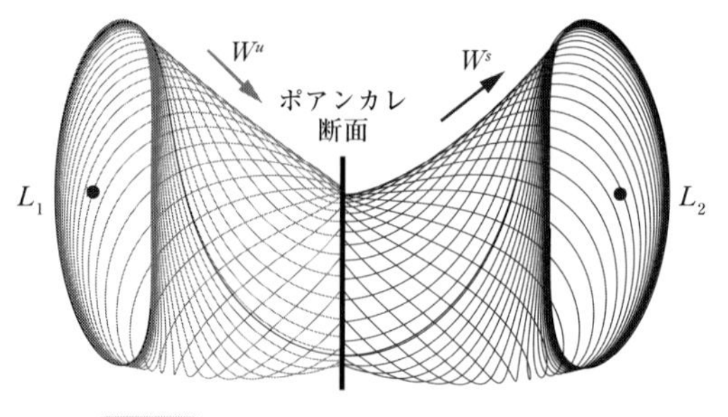

図 3.13　不安定多様体と安定多様体の接続

はなくヤコビ定数を考えます．出発時から軌道移行が完了するまでヤコビ定数は一定である，つまり出発する周期軌道と到着する周期軌道は同じヤコビ定数をもたないといけないという制約が課されることになります．ここで，ヤコビ定数は宇宙機の位置と速度の関数によって決まる量なので，その関係を明確にするために $C(x, y, v_x, v_y)$ と書くことにします．

次に，出発する周期軌道を離脱する不安定多様体と到着する周期軌道に漸近的に近く安定多様体をそれぞれ描きます（図 3.13）．図 3.13 において左側の周期軌道からのびる不安定多様体（W^u）と右側の周期軌道からのびる安定多様体（W^s）はそれぞれ異なるチューブ構造をもちながら，ちょうど図の中心あたりで交差していることがわかります．このとき，ちょうどそれぞれのチューブに属する軌道で滑らかに接続するペアが（たまたま）見つかれば，宇宙機は L_1 点近傍の領域から L_2 点近傍の領域へ移ることが可能になるのです．

このことをより正確に行うために，周期軌道の安定性を調べるときに考えたような断面を，今度は図の中心（ちょうど月のあたり）でとって，この断面上でチューブの様子をみてみましょう．図3.14が断面で2つのチューブを切り取った様子を表しています．ここで，断面の横軸と縦軸は，y 軸方向の速度 v_y と y 座標であることに注意してください．この断面上では，x 座標は必ず同じ値であり，断面上で交差している点では，y 軸方向の速度 v_y と y 座標も一致することになります．ここでヤコビ定数が $C(x, y, v_x, v_y)$ のように4つの変数によって決まる定数であったことを思い出すと，いま，x と y と v_y の3つが一致し，それぞれのチューブは同じヤコビ定数であるという制約を課していたので，残

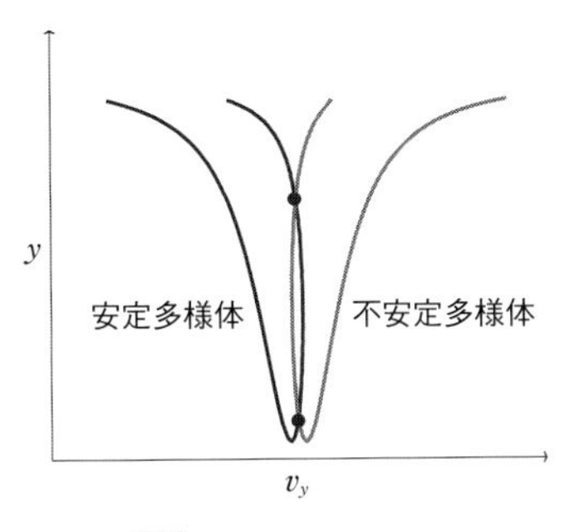

図 3.14 不変多様体の断面図

りの変数である v_x もまた一致することが保証されることになります．以上のことから，断面上で交差する点を通るチューブ上の軌道を選ぶことで，速度変更のためのΔVを加えることなく周期軌道から周期軌道へ移行することができるのです．

3.8 低推力宇宙機の惑星間ネットワークに向けて

円制限三体問題の不変多様体のチューブ構造は太陽–地球系，太陽–火星系，地球–月系，太陽–木星系など様々な三体問題において存在します．このため，先ほどの例のように太陽系に存在するチューブとチューブをつなぎ合わせていくことによって様々な惑星間を遷移することができるネットワークのような構造があるのではないかという考え方が提唱され，研究が行われてきました．しかしながら，惑星間を低エネルギー軌道で結ぶことは難しく，実際にそのような軌道が存在したとしても，とてつもない飛行時間がかかってしまうことがわかっています．このため，太陽–惑星系のチューブ構造を利用しつつ，その効果を増幅するための手段として，イオンエンジンをはじめとする電気推進による低推力連続加速を付加する研究が盛んに行われています．イオンエンジンは，ESA の月探査用の人工衛星「スマート 1」や JAXA/ISAS（宇宙科学研究所）の小惑星探査機「はやぶさ」「はやぶさ 2」に搭載され，今後は深宇宙探査においてますます利用されることが期待されています．一般的に，低推力連続加速を行うエンジンにより発生する推力はきわめて小さく，それだけでは軌道を急激に変更することはできません．このため，宇宙機に働く重力をより効果的に利用するために低推力を付加すると考えるのが適切でしょう．しかしながら，低推力連続加速を付加することで軌道の自由度は無限大にもなるため，その設計はとても興味深いものです．

引用文献

木下　宙：天体と軌道の力学，東京大学出版会，1998．

参考文献

ディアク，F.，ホームズ，P.（著），吉田春夫（訳）：天体力学のパイオニアたち（上・下），シュプリンガー数学クラブ，丸善出版，2012．
山川　宏：宇宙探査機はるかなる旅路へ，化学同人，2013．

chapter 4

太陽の脅威とスーパーフレア

柴田一成

2010～2011年に，京都大学花山天文台の太陽・恒星研究グループは，太陽とよく似た星で，最大級の太陽フレアの100～1000倍のエネルギーを放出する超巨大爆発（これをスーパーフレアといいます）を大量に発見しました（論文は2012年の*Nature*誌に掲載）．太陽で最大級の爆発（フレア）が起きると，爆発の影響が地球に伝わり，人工衛星の故障や通信障害，停電など，様々な被害が発生します．スーパーフレアが太陽とよく似た星で起きている，ということは，太陽でもスーパーフレアが起きるかもしれません．頻度は数千年に一度程度なので，すぐに心配する必要はないのですが，決して1000年先の遠い未来の話ではありません．10年後にだって起きるかもしれません．東日本大震災を起こした大地震の頻度と同程度です．何も対策をしないと，起きたら大地震と同じような大災害となるでしょう．それで2012年以来，世界中でこの話をしています．もちろん，想定外とならないようにするために．本章では，太陽フレアとはどんな現象か，地球への影響，宇宙天気予報，スーパーフレアの発見の経緯，スーパーフレアが起きたら地球はどうなるか，などについて解説します．

4.1 太陽の正体

太陽を可視光で見ますと，黒い点々が見えます（図4.1左）．これが黒点です．ガリレオ・ガリレイ（Galileo Galilei）以来，400年の観測の歴史があります．黒点がたくさん現れると爆発がいっぱい起きるということがわかってきました．爆発はフレアとよばれます．可視光で見えている太陽の表面を光球といいます．温度は6000度ぐらいです．地球表面に比べると温度は高いんですけれど，太陽の中では温度が低い方です．

同じ日の太陽を，Hαフィルターという赤い特殊な光（水素原子のスペクトル線のHα線）だけを通す特殊なフィルターで見てみますと，光球の上層の彩層というところが見えます（図4.1右）．ここは光球より少し温度が高く，1万度ぐらいです．同じ日ですけれど，こんなふうに全然見え方が違います．

2つの写真を比較すると，黒点の近くが光っていることがわかります．これがエネルギーを解放している証拠です．最近，ひので衛星でこれらの部分を拡大して高解像度の映像を撮りましたら，光っている部分では，小さな爆発がいっぱい起きていることがわかりました．

黒点の正体は何でしょうか？　黒点の正体は一種の巨大な磁石です．あるとき，こういう話をしたら，講演が終わってからおじいさんがやってきて，「先生，太陽には石があるんですね」と言われたのでびっくりしました．これは違います．さすがに6000度あると石は溶けてなくなります．太陽の表面（光球）には磁石はありません．磁石のように，強い磁気があるのです．太陽そのものは，ガスでできています（もっと正確にいうと電離したガス，プラズマでできています）．

黒点というのは，だいたい2つペアで現れます．これが棒磁石のN極とS極に対応しています．棒磁石の周りに砂鉄をばらまきますと，筋模様が見えます．これを磁力線といいます．磁力の方向を示しています．Hαフィルターで黒点を見ますと，2つの黒点をつなぐような筋模様がいっぱい見えます．これが磁力線に対応しています．このような観測から，黒点の正体は一種の巨大な磁石のようなものであることが判明しました．

黒点磁場の強さは2000～3000ガウス程度です．地球も一種の巨大な磁石ですが，日本（地上）付近では0.4ガウス程度です．つまり，黒点は地球の表面の磁場の強さのなんと5000～7000倍ぐらい強い磁気をもっているのです．そうすると，エネルギーも膨大になる．それが原因で爆発が起きる，ということがわかってきました．

さらに，彩層の外側に行くと，皆既日食のときに見えるコロナがあります（図4.2）．素晴らしい，美しい現象です．このコロナは，なんと100万度もの超高温状態にあります．発見されたのは，1930～1940年代です．ヨーロッパ

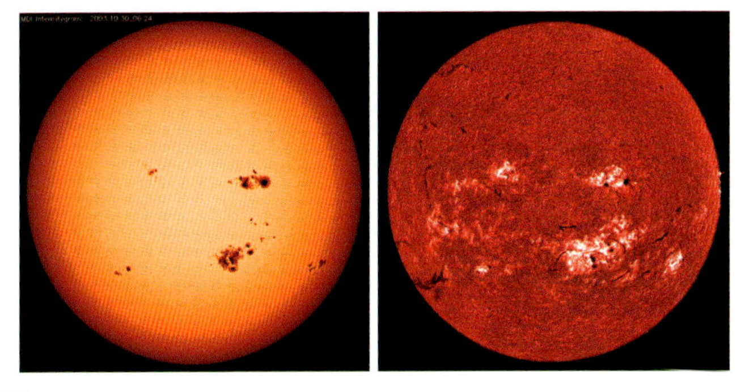

図 4.1　（左）可視光で見た太陽：光球（ESA・NASA/SOHO 衛星），（右）Hα線で見た太陽：彩層（京都大学飛騨天文台 SMART 望遠鏡，2003 年 10 月 30 日）

図4.2　太陽コロナ（京都大学飛騨天文台日食探検隊撮影）1991 年 7 月 11 日，メキシコにて．

のヴァルター・グロトリアン（Walter Grotrian）とベングト・エドレン（Bengt Edlén）が発見したと，多くの本に書いてあります．ところが，彼らはコロナの温度が 10 万度以上，というところまでしかわからなかったのです．実は花山天文台の第 3 代台長，宮本正太郎博士が戦前に，コロナの温度が 100 万～200 万度にあるということを，世界で初めて正確に求めました．戦争中（1943 年）でしたので，英語で論文を書くのが禁止されており，日本語で論文を書かざるをえなかったそうです．それで世界にも知られなくて，戦後になってもう一度，英語で論文を書いて発表したら，欧米の天文学者はみんなびっくり仰天したという，そういう歴史があります．

しかし，コロナがなぜ 100 万〜200 万度になっているのかは，まだ解明されていません．最近の研究では，宇宙のほとんどの星々は，太陽と同じように 100 万度のコロナをもっているということがわかってきました．

私たちの地球は，このコロナの延長上にあります．コロナというのは，後で出てきますが，流れ出しています．太陽風といいます．その延長上に，コロナの中に地球は浮かんでいます．そこで私たちは生まれたというわけで，私たちの生誕の謎にも深く関わっている，そういう現象ともいえます．そういうことから，コロナは天文学最大の謎の一つといえます．

4.2 フレア（太陽面爆発）

太陽で起きる爆発現象で，一番激しい現象をフレアといいます．図 4.3 に京都大学花山天文台で観測された大フレアの貴重な写真をお見せします．このフ

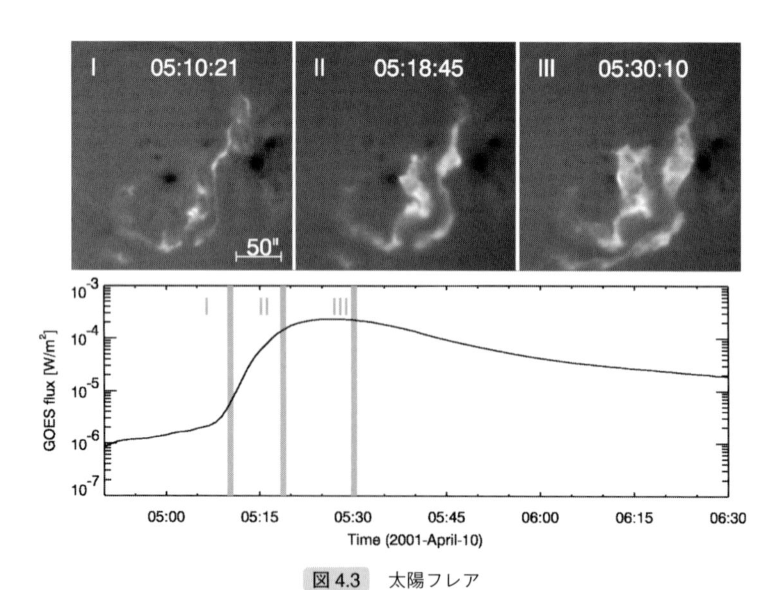

図 4.3 太陽フレア

（上）Hαで見た太陽フレア（京都大学花山天文台ザートリウス望遠鏡），（下）X 線強度の時間変化（GOES 衛星），2001 年 4 月 10 日（Asai *et al.*, 2004）．

レアの場合，継続時間は数十分〜1時間程度です．映像で見ると，突然光って，わあっと広がっていくのがわかります．黒いのは黒点ですね．2つあるのがNとSに対応しています．面白いのは，光る場所も2つ．やはりNとSに対応しているわけです．この黒点が地球ぐらいの大きさですから，フレアのサイズは地球の直径の10倍ぐらいの長さです．面積にしたら100倍になる．そういうところでエネルギーが突然解放されます．

太陽フレアが発見されたのは19世紀の中ごろ（1859年，後述）なんですが，20世紀になって黒点の正体が強い磁場であることがわかり，エネルギーの原因は磁気エネルギーであることが確立しました．

解放される全エネルギーというのは，物理学の単位でいうと，10^{29}〜10^{32}エルグ程度です．水素爆弾の数でいうと，10万〜1億個ぐらいを一度に爆発させたようなぐらいのエネルギーが出ます．図4.3のフレアの場合は，水素爆弾を1000万〜1億個ぐらい爆発させたぐらいのエネルギーが出ています．発生メカニズムが1世紀以上も謎だったのですが，最近，磁気エネルギーが原因ということで，ようやくメカニズムがわかり出してきました．

フレアが起きるときに，時折，プロミネンス噴出という現象が起こります（図4.4）．プロミネンスというのは，普段は，太陽の縁，雲のように浮かんでいる現象ですけれど，数週間に1回ぐらい突然噴出します．そのとき，上から見ていると，プロミネンスの両側の彩層が光ります．それがフレアです．

フレアやプロミネンス噴出の本体は，日食のときに見えるコロナ中で起きているということがわかってきました．コロナは100万度もあるので，強いX線を出しています．太陽から飛んできたX線は全部大気で吸収されて，地面には届かないんですね．X線は放射線の一種ですので，非常に怖いんですけれども，幸い私たちは地球の大気で完全に守られています．逆にいうと，いったん大気の外に出ると，その太陽から飛んできたX線など，大量の放射線を常に浴びるという恐ろしい状況になっています．考えてみると，宇宙飛行士はそういうところで活動しているわけですね．ですから，太陽のX線映像を初めて見たときは，宇宙飛行士がいかに危険な職業かというのが，一瞬にしてわかりました．

日本が打ち上げた「ようこう」という名前の人工衛星は，10年間太陽をX

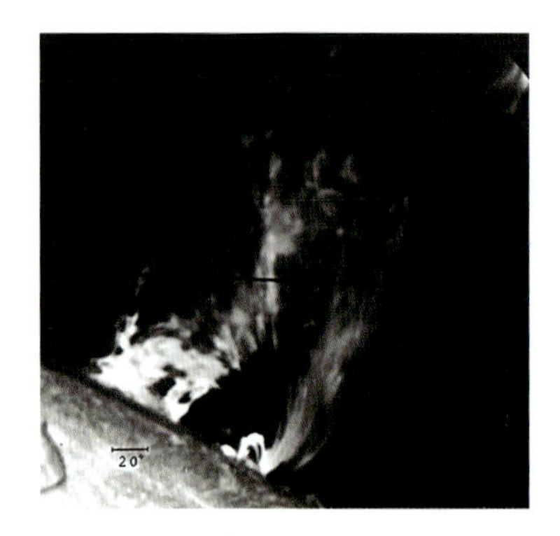

図 4.4　プロミネンス噴出（京都大学飛騨天文台ドームレス望遠鏡）Hα観測，1982 年 2 月 9 日.

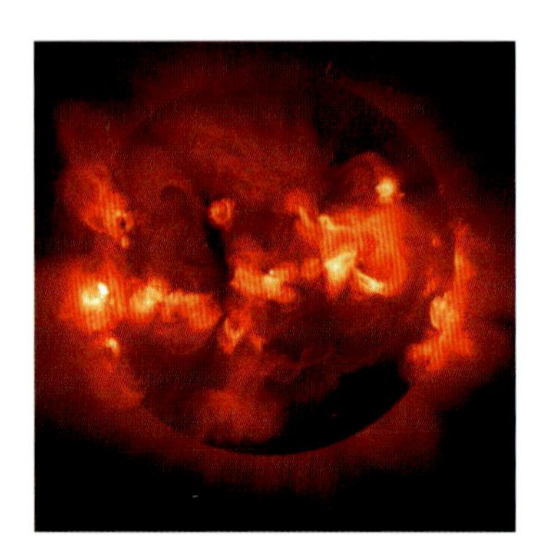

図 4.5　ようこう衛星 X 線望遠鏡で見た太陽コロナ（JAXA/ISAS）1992 年 2 月 1 日.

線で観測し続けました．図 4.5 に X 線で見た太陽コロナの画像を示します．X 線で光っているところは，黒点近傍で，動画で見るとフレアが頻繁に起きていることがわかります．フレアの仕組みも，ようこう衛星のデータのおかげで，ついに 8 割ぐらいまで解明できました．

図 4.6 は米国が打ち上げた人工衛星 SMM で観測された可視光画像です．黒い領域内の白い点線で囲まれた部分が太陽です．大気圏外に行って，太陽の真ん前に金属の円盤（黒い領域）を置くと人工日食になるんですね．地上でいくら太陽を隠しても，空が明るいですからコロナも星も見えないんですけれど，

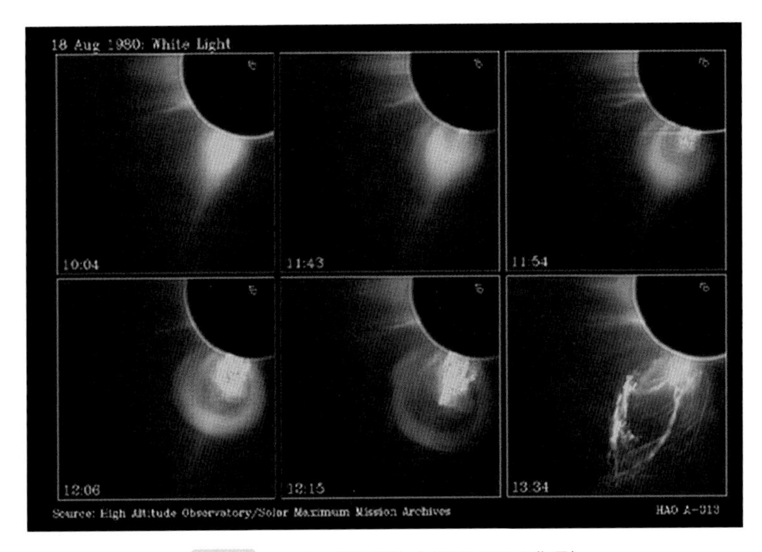

図 4.6　コロナ質量放出（NASA/SMM 衛星）
可視光観測．1980 年 8 月 18 日．明るく見えている噴出がプロミネンス噴出で，その周りに淡く見えているのがコロナ質量放出（CME）．

宇宙に行くと空気がないのでコロナが見えます．連続写真からコロナはいつも流れ出していることがわかります．それを太陽風といいます．この画像では，プロミネンス噴出にともなうコロナ質量放出（CME: coronal mass ejection）とよばれる現象が見事に撮影されています．太陽の 10 倍ぐらい大きいプラズマの塊として，速いもので 1000 km/秒というスピードで飛んでいくのです．

4.3　オーロラと磁気嵐―カナダ・ケベック州の大停電（1989 年 3 月）

太陽の表面でフレアが起きて，大量のプラズマがコロナ質量放出となって地球向きに飛び出した場合，通常は 2～3 日ぐらいたつと地球に衝突します．地球の磁気圏でいったん防いでくれるんですけれど，太陽風中の磁場が南向きのとき穴が開いて，北極・南極にエネルギーが注ぎ込みます．それで光るのがオーロラなんですね．

オーロラはきれいでいいんですけれど，このとき，光っているのは大量の放

図 4.7　磁気嵐にともなう誘導電流により焼け焦げてしまった変圧器（米国ニュージャージー州の原子力発電所）
http://www.solarsystemcentral.com/solar_storm_page.html より（最終確認日 2019.9.21）.

射線電子が降り注ぐからです．これも一種の放射線です．それが大気の原子に当たって発光現象を起こし，オーロラとなります．またそのとき，電離層あたりに大電流が流れます．そうすると，地上では雷が落ちたのと同じことが起きます．

以前，隣の家に雷が落ちて，私のパソコンが壊れたことがありました．直接，雷（電流）が電線に落ちなくても，電磁誘導の法則で，離れた電線に電流が誘起されて私のパソコンを壊したのです．それと同じことがもっと大規模に起きるのが磁気嵐です．地球規模で電流が流れ磁気が変動する現象を磁気嵐というんですね．オーロラ電流が上空を突然流れると，電磁誘導の法則で地上の送電線に誘導起電力が発生して電流が流れ，それがいろんな家の中に入り込んだり，変電所の変圧器を壊したりします．

磁気嵐が原因で発生した大停電が 1989 年 3 月にカナダのケベック州でありました．600 万人が 9 時間も電気を使えなくなったそうです．図 4.7 に磁気嵐による誘導電流のために，壊れて使えなくなった変圧器の写真をお見せします．実はこれはニュージャージー州の原子力発電所で発生した変圧器の故障の写真です．大事故にならなくて本当によかったです．このとき，米国全体でいろんな被害が起き，被害総額は数百億円以上だったといわれています．そのときのフレアは大きなフレアではあったものの，数年に一度ぐらいの大フレアでした．ということは，来年，再来年に起きる可能性は十分あります．そういうフレアですね．

このときに宇宙から見たオーロラの写真があります．図4.8に示します．北米全域，フロリダ半島でもオーロラが見えたことがわかります．米国は結構オーロラが見えるんですね．だから，被害も多いです．

日本は北海道を除くとオーロラがほとんど見えない国です．だから被害もありませんでした．私たちは，そういう意味では幸いです．でも，『日本書紀』なんかを読みますと，奈良近辺でオーロラが見えたという記録が見つかります．だから，1000年に1回とか，それぐらいの頻度で，巨大磁気嵐がどうも起きていたらしいです．

現代では日本でも被害は起こります．いまから20数年前にヨーロッパのリレハンメル冬季オリンピックにおけるNHKの中継が突然中断したことがあり，苦情がNHKに殺到しましたが，NHKが悪かったのではなくて，太陽が悪かったのでした．

4.4 宇宙天気被害と宇宙天気予報

図4.9をご覧ください．太陽活動じょう乱（フレア，コロナ質量放出，コロナホールからの太陽風）が引き起こす宇宙天気被害がまとめてあります．太陽フレアが発生した場合，地球に飛んでくる現象を到着時間が早いものから並べると，

(1) フレアX線放射：8分（で地球に届く）

(2) 高エネルギー粒子線：30分〜2日

(3) コロナ質量放出にともなう太陽風じょう乱：2〜3日

それぞれが地球にどんな被害を及ぼすか，図からわかると思います．

というわけで，現在は，太陽フレアの影響で様々な被害を受ける社会をつくってしまったといえます．地上の嵐や台風の予報，天気予報と同様に，宇宙の嵐の予報，宇宙天気予報が，現在の人類社会の緊急課題となっています．

現在は，米国では気象庁に対応する機関（NOAA，米国海洋大気庁）が，日本では情報通信研究機構（NICT）が宇宙天気予報を発信しており，太陽，太陽風，地磁気，電離層などの観測をもとに，宇宙の嵐の予報，具体的には，太陽X線，高エネルギー粒子（陽子），磁気嵐強度などの予報が発信されています[1]．

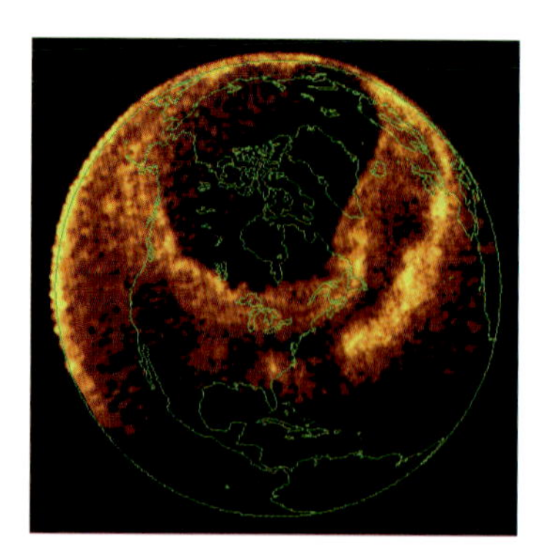

図 4.8　宇宙から見たオーロラ（1989 年 3 月のカナダ・ケベック州大停電のとき）
http://www.astronomy.com/observing/observe-the-solar-system/2010/04/the-aurora（最終確認日 2019.9.21），NASA/GSFC/University of Iowa より．

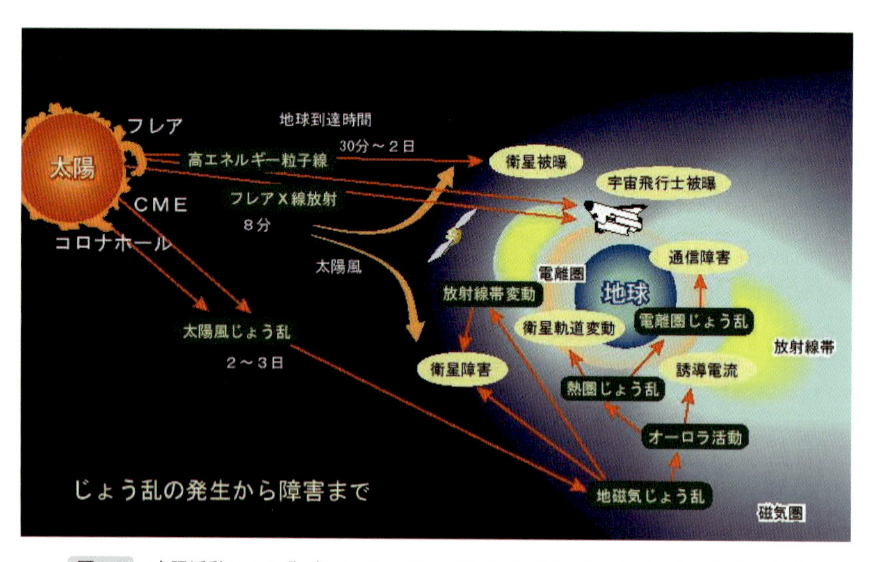

図 4.9　太陽活動じょう乱（フレア，コロナ質量放出（CME），コロナホールからの高速太陽風）が引き起こす宇宙天気被害（NICT）

---

1)　以下を参照のこと．
宇宙天気予報センター　http://swc.nict.go.jp/（最終確認日 2019.9.21）
Space Weather Prediction Center　https://www.swpc.noaa.gov/（最終確認日 2019.9.21）

4.5 キャリントン・フレア(1859年)—人類が最初に見たフレア

人類が最初にフレアを見たのは，1859年でした．リチャード・キャリントン（Richard C. Carrington）という英国の天文学者が，黒点を眼視観測中に発見しました．図4.10にスケッチを示します．図中のA～Dで示された小さな領域が突然光り，5分後には消えてなくなった，という記録が残っています．これが実は大フレアで，翌日，200年間で最大の磁気嵐を引き起こしました．なんとハワイとかキューバでオーロラが見えたそうです．当時，もうすでに人類は電信機を使っていまして，火花放電で火事が発生したとか，電気のスイッチを入れていないのに交換手が会話できた，というような記録が北米やヨーロッパに残っています．

もし同じレベルのフレア，磁気嵐が起きたら，地球規模の大停電，通信障害，人工衛星故障をもたらすだろうといわれています．全米科学アカデミーの試算によれば，もし同じような巨大なフレアが起きたら1兆ドルとか2兆ドルの被害が生じ，修復になんと4～10年かかるかもしれない，とのことです[2)]．

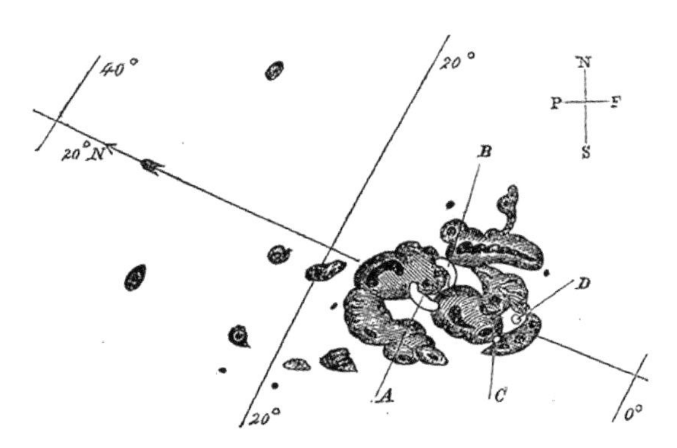

図4.10　キャリントン・フレアのスケッチ（1859年9月1日）
http://en.wikipedia.org/wiki/Solar_storm_of_1859 より（最終確認日 2019.9.21）．

2) http://jp.reuters.com/article/3rd_jp_jiji_EnvNews/idJPjiji20110609003339（最終確認日 2019.9.21）

つまり，いま私たちは，そういう巨大フレアにきわめて脆弱な社会をつくってしまいました．地震に関しても同じことがいえます．日本では地震の方はしょっちゅう起きるので，私たちもよく知っているんですけれども，オーロラはほとんど見えない国なので，まったく対策がとれていません．これはちょっと怖い話ですね．

4.6 太陽放射線の影響

太陽放射線（X 線，ガンマ線や高エネルギー粒子線）による被ばくの影響はどれくらいあるのでしょうか？　図 4.11 をご覧ください．みなさんは，福島の原子力発電所の事故でご存じだと思いますが，私たちの体に影響のある放射線の強度の単位を，ミリシーベルトといいます．mSv と書いて，ミリシーベルトですね．

普通，胸部 X 線撮影，レントゲン写真を撮ると，多い場合には 1 ミリシーベルトぐらい浴びます．これは全然心配するに及ばなくて，私たちは何もしなく

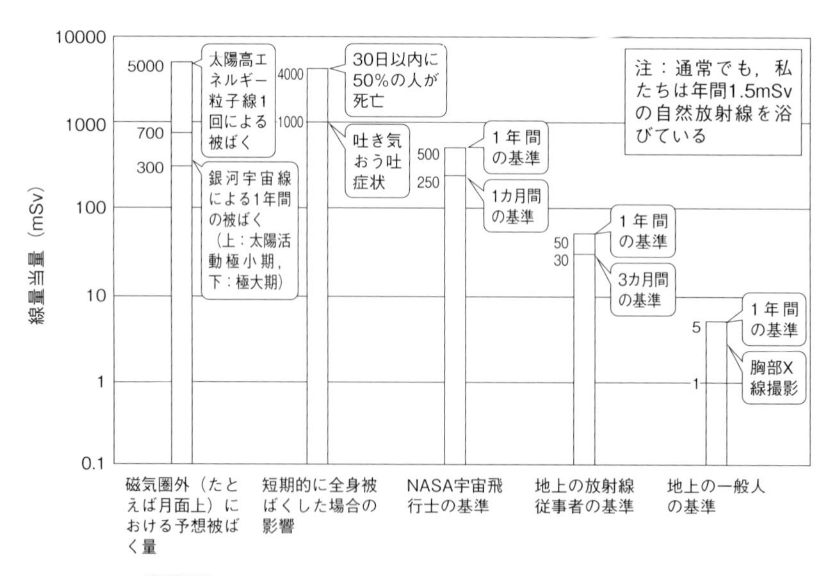

図 4.11　太陽放射線による被ばくの危険性（恩藤・丸橋，2000）

ても地面と宇宙から，日本では1年間に平均1.5ミリシーベルトぐらい浴びています．ですから，これは心配しなくてもいいんですけれど，医療放射線に関しては年間5ミリシーベルト以内にしましょうという基準があります．

ところが，原子力発電所に勤めている人は，それでは仕事にならないということで，年間50ミリシーベルト以内という基準があります．これぐらいの基準にしないと仕事にならないんですね．このへんはちょっとグレーゾーンで，果たしてがんの発生率はどれくらい増えるのかというのが，まだまだよくわかっていません．

明らかに，これを超えたら危険だという限界が500ミリシーベルトです．短時間に500ミリシーベルト以上浴びると急性放射線障害が発生します．図4.11を最初に見たときびっくりしました．「NASAの宇宙飛行士は1年間に500ミリシーベルト以内」という基準にです．つまり，それぎりぎりまではOKだとしているんです．ぎりぎりまでOKだというのは，500ミリシーベルト以下だったら明らかな障害が目に見えるかたちでは出ないからです．しかし，これの8倍の放射線を短時間で浴びると，30日以内に50%の人が死亡します．これは致死量の放射線ですね．

こういうことは，もちろん普通は起こらないんですけれど，全然起こらないのかと調べましたら，10年に1回の大フレアが起きたときに船外活動をしていると，これくらいの放射線を浴びる恐れがあるということがわかってきました．

10年に1回はまれなんだけれども，いまや宇宙ステーションに宇宙飛行士がいない日はありません．しかも日本人の宇宙飛行士もいつもいます．けっこう彼らは船外活動をしています．これはいつ事故が起きても不思議じゃない，というわけで，これは本当に心配だと思うようになりました．

4.7 フレアの発生頻度

フレアの発生頻度はどうなっているのでしょうか？　調べましたら，以下のことがわかりました．フレアは，いまはX線の強度で分類します．地震でいうマグニチュードみたいなものです．小さなフレアのことをCクラス（フレア）といいます．これは黒点が多いときは年間 1000 回くらい起きます．C クラスの 10 倍の X 線強度を M クラスといいまして，これは年間 100 回くらい起きます．さらに M クラスの 10 倍，C クラスの 100 倍を X クラスといいます．これが大フレアです．発生数は，黒点が多いとき，年間 10 回くらい．つまり，X 線強度が 10 倍になると頻度は 1/10 になります．面白いことにこの統計法則は地震の統計（グーテンベルク・リヒター則）とよく似ているんです．地震でマグニチュードが上がると頻度が何分の 1 かになっていくというのと，非常によく似ています．

X クラスになると，これだけでニュースになります．X クラスが起きると，もう明らかな通信障害が発生します．これより大きいフレアは，数が少ないので数字をつけて，X10 は X の 10 倍，X100 は X の 100 倍の X 線強度を意味します．上述したように，X100 は宇宙飛行士が致死量の放射線を浴びるかもしれないくらいの強度です．

この統計法則は，X100 より大きな X 線強度まで，ずっと続いているのかどうかわかりません．まだ人類は X 線観測を始めて 30 年ぐらいしかたっていないので，誰も知らないんですね．もしこの統計がずっと続くならば，1 万年に 1 回は X10 万クラスフレアが起きるかもしれません．これは宇宙飛行士が死ぬかもしれない強度の 1000 倍です．1000 倍も強いと地上にいても被ばくするかもしれません．

実際，私たちは，大気のおかげで放射線が弱められて安全に生きているんですけれど，宇宙ステーションが飛んでいるところに比べて，宇宙放射線は 1/1000 ぐらいに弱まっているんです．だから，私たちは安全なんですけれど，もともとが 1000 倍だったら，地上も宇宙ステーションのあたりと同じレベルの放射線環境になるかもしれません．これは怖いです．もちろん 1 万年に 1 回ぐらいですから，まれなんですけれどね．

ただ，地球の歴史は長いです．人類だって，現生人類，ホモサピエンスがアフリカで生まれたのは 20 万年前といわれています．ひょっとして，もしこのフレア統計の延長が本当だったら，私たちのご先祖さまは，いままでに X10 万クラスフレアを 20 回ぐらい経験しているかもしれません．

遠い昔は放射線のことなんて何もわかっていないですから，太陽が原因でどうのこうのという記録はいっさい残っていません．もちろん電気を使っていなかったので，いっさい，何の被害も社会にはなかったでしょう．

さらに，地球の歴史を考えますと，地球ができて46億年です．生命は40億年ぐらい昔に誕生したといわれています．1億年に1回とかいう，もっと激しい超巨大フレアが起きたら生命に影響を与えたかもしれません．この超巨大フレアのことをスーパーフレアといいます．

4.8 スーパーフレアと生命絶滅

恐竜が絶滅したのは，だいたい6500万年ぐらい前です．巨大隕石の衝突の証拠がありまして，それが有力なんですけれども，別の可能性として，太陽の超巨大フレアもあるかもしれません．

これは10年ぐらい前から，私の講演で必ず話をするようにしています．なぜかというと，この話をし出すと，寝ていた人が突然目を覚まして真剣に話を聞いてくれるからです．

こういう話を半ば冗談でしていたら，あるとき，聴衆の中に古生物が専門の先生がおられて，その先生が真面目な顔で「柴田先生，それはいいですね．真剣に研究してください」と言われたので，私はびっくりしました．どういうことですかと聞きましたら，恐竜以前に生命は4回大量絶滅しているということで，図4.12のグラフを教えてくださいました．図4.12は，生命の科の数を縦軸に，時間を横軸に示しています．科というのは，種よりも2ランク上の分類です．だから，600とか300で数が少ないんですけれど，5億4000万年前から現在まで，科の数がどんなふうに変遷してきたかを示すグラフです．

生命というのは，5億年ほど前から急に種類が増えて繁栄し出したんです．古生代の中ごろに1回目と2回目の大絶滅があります．古生代の最後はすごいですね．科で半分に減りました．中生代に入って，4回目の大絶滅があって，中生代の最後，これが恐竜の絶滅です．

恐竜の絶滅というのは，生命全体からみたら大したことはなかったんです．恐竜は絶滅したけれど，哺乳類は生き延びたんです．それは，でもよかったんですね．恐竜がいなくなったので哺乳類が繁栄できるスペースができて，頑張

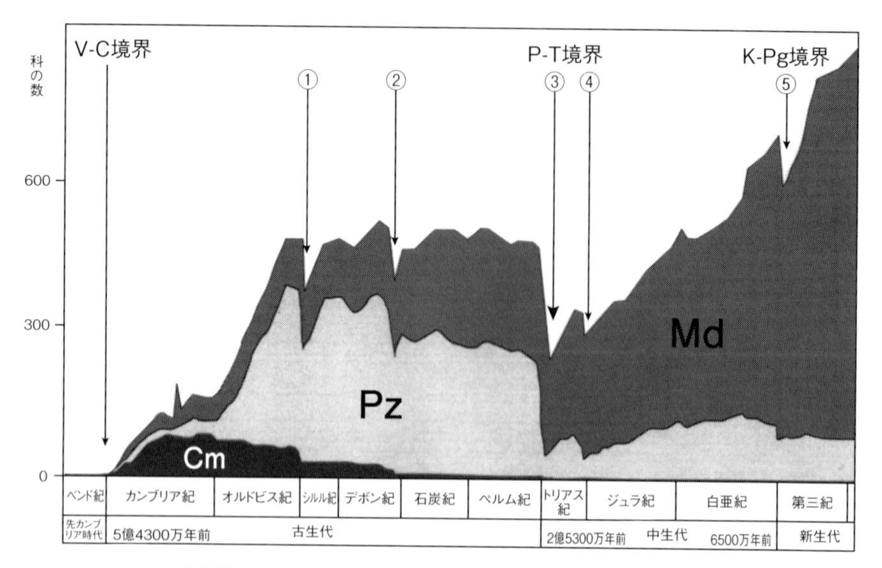

図 4.12　生命の大量絶滅（セプコスキー（J. Sepkoski）による）

って生き延びて，より進化して，私たちが生まれました．

生物の大量絶滅というのは，怖い話なんですけれど，見方を変えると，巨大隕石が衝突して，恐竜が絶滅してくれたおかげで私たちが生まれました．巨大隕石が衝突していなかったら，まだ私たちは生まれていないんですね．恐竜の時代が続いています．

これ以前の大絶滅は，まだ原因がよくわかっていません．いろんな説が提示されています．巨大火山が噴火したとか，海流が変わったとか，気候変動が起きたとか，いろんなことがいわれていますが，まだわかっていないので，これがひょっとして太陽の超巨大フレアが原因だとすれば，生命の進化にとって重大です．

この大絶滅のおかげで次の生命が頑張って生き延びて，進化して．それを繰り返して，だんだん生命は高度に進化して，ここまで来ました．だから，私たちがなんでここにいるのかというのは，この絶滅のおかげであるといえるかもしれません．

その絶滅の原因に太陽の超巨大フレアが関わっているならば，私たちは，太陽の超巨大フレア，スーパーフレアのおかげで，ここに現在生かされているんだといえます．そういうことで，怖い話なんだけれど，私たちの誕生の謎を解き明かす，ひょっとしたら入口まで来たのかもしれないということで，実はわくわくしています．

4.9 スーパーフレアの天文学的可能性

天文学的に，その可能性はどうなんだろうかといろいろ調べましたが，生まれたばかりの星というのは，なんと太陽フレアの100万倍もの強度のスーパーフレアを起こしているということがわかりました．

これは，京都大学にいた小山勝二（理学研究科名誉教授）のX線天文のグループが1996年に発見しました．世界中の天文学者がびっくりしたんです．生まれたばかりの星というのは，暗くて温度も低いと思っていたら，イメージと全然反対で，大爆発を起こしながら生まれるということがわかったんです．そういう時代に地球みたいな惑星が生まれ，その惑星の上で生命が誕生したんですね．だから，よくぞ私たちのご先祖さまは生き延びてきたなと思います．

問題は，今後，そういうすごいスーパーフレアが起きるんだろうかということです．ちょっと怖い話をしましたけれども，太陽が生まれて，もう46億年たって，太陽は自転しているんですけれども，実は非常にゆっくりなんですね．だいたい25，26日ぐらいです．

生まれたばかりの星というのは，1日ぐらいで回っています．すごく速く回ると，黒点がいっぱいできて，爆発がいっぱい起きるというのが星の観測からわかっています．太陽は，自転速度が遅いので，そんな大きなフレアは起きないでしょう．怖い話をしましたけれど，安心してください，というのが7年前までの天文学の状況でした．

ところが，私は疑問をもったのです．本当に安心してよいのか？　と．理由は，そのころ（2009年），驚くべき論文を発見したからです．著者は米国の天文学者，ブラッドリー・シェイファー（Bradley E. Schaefer）です．論文はそのときから10年ほど前の2000年に出版されていたのですが，内容は，太陽と同じくらい遅く自転している太陽とよく似た星で，太陽で起きている最大級のフレアの10〜数万倍のスーパーフレアがこれまでに9例見つかった，という衝撃的な内容でした．彼自身の観測ではなく，これまでに観測されたあらゆる波長域の天文観測データをサーベイしたら見つかったという話です．したがって観測データの信頼性はまちまちでどこまで信用してよいかわかりません．

一方，シェイファー自身は，「これらのスーパーフレアはホットジュピターのせいで起きている．太陽にはホットジュピターはないので，太陽では起きない」と結論づけているのです．ホットジュピターとは，1995年に発見された最初の太陽系外惑星で，木星くらいの質量の惑星が星のすぐ近くにある，という驚きの天体です．星に近いので熱いに違いない，それでホットジュピターとよばれています．シェイファーは，ホットジュピターが中心星に影響を及ぼし，それでスーパーフレアが起きるという説を信じているのです．私はもともと理論家でしたから，この説を理論的に検討し，その結果，ホットジュピターだけではスーパーフレアは起きない，という結論を得ていました．シェイファー本人にも2010年7月に1回だけ会ったことがあり，そのとき「理論的に考えたらホットジュピターの影響だけではスーパーフレアは起きませんよ」と話したのですが，まったく信じてもらえませんでした．シェイファーの観測データを信じ，私の理論を信じたら，太陽でスーパーフレアは起こりうる！　という結論になります．これは重大です．それで自分で実際に観測データを調べてみようと思ったのです．

先ほどの統計をみなさんはご記憶でしょうか．最大級の太陽フレアの1000倍のスーパーフレアが1万年に1回程度の頻度で起こる可能性があります．ところが，ガリレオ以来，望遠鏡観測は400年ぐらいしかたっていません．でも，太陽を1万年観測しないと，これは実証できないわけです．1万年に1回という頻度の低いものはどうやったら検証できるでしょうか．ここが天文学者の本領で，宇宙には星がいっぱいあります．銀河系の中には太陽型星が何百億もあります．それを1万個取り出して1年間観測したら，太陽を1万年観測したのと同じデータが得られるというわけです．

最初は望遠鏡を100台ぐらい用意して，1万個の星を自分で毎日観測しようという計画を立てて，予算申請をしましたが，京都大学は全然予算が通りません．なんとか別の目的でデータがとられていないかと思って，いろんな人に相談しましたら，国立天文台の関口和寛教授が「あります」と教えてくれました．ケプラー衛星という太陽系外惑星探査衛星，直径95 cmの反射望遠鏡，宇宙望遠鏡が，天の川の近く，はくちょう座の一角の，16万個の星の明るさをいつもモニター観測しており，その半分が太陽型星で，その観測データが使えると教えてくれたのです．

ケプラー衛星の本来の目的は太陽系外惑星の探査です（第4巻第2章参照）．もし星の周りに惑星が回っていたら，たまたま惑星が星の前を横切ることがあるでしょう．そうすると，ちょっと星の明るさが減ります．その星の明るさの減少を正確に測ると，どれくらいの大きさの惑星があるかわかります．そういう方法で惑星を見つけようという宇宙望遠鏡です．このケプラー衛星は太陽系外惑星を3000個も発見しました．ついに地球と同じぐらいの惑星も見つけました．いま天文学の大革命が進行中です．

4.10 スーパーフレアの発見

世界中の天文学者は，星の明るさがちょっと減るというのを探しているんですけれども，私たちは逆を考えました．もしスーパーフレアが起きたら星の明るさがちょっと増えます．さっきのキャリントンのスケッチ，あれは可視光で，黒点の近くでちょこっと光りました．そうすると，太陽の明るさが0.01％ぐらい明るくなります．もしスーパーフレアだったら1％ぐらい星が明るくなります．それを探そうと．地上では，なかなか明るさを精度よく測るのは難しいので，人工衛星のデータは格好のデータです．しかもそのデータはインターネットでオープンになっています．

「これは素晴らしい！」と思いました．しかし，8万個の太陽型星の30分に1回の観測データという大量のデータがあるので人手が必要です．最初は，私の天文台のポストドクター，若い博士たちにやってもらおうと思いました．ところが，太陽にそっくりの星でスーパーフレアが起きるはずがないというのが天文学の常識なので，誰も真剣に取り合ってくれなかったんです．いや，困ったなと思っていたのですが，あるとき，ふとひらめきました．「京都大学の1回生を動員しよう．」彼らがいかにヒマかというのは，自分自身でも経験済みです．私は 1 回生向けに物理の授業を教えていましたので，そこで，「誰か一緒にスーパーフレアを探しませんか．どうせ君らヒマでしょう」と言ったら，5 人の若者が集まりました（2010 年 10 月）．柴山拓也，野津湧太，野津翔太，長尾崇史，草場哲の理学部 1 回生の諸君です．

天文学者にとっては，太陽によく似た星ではスーパーフレアは起きない，というのが常識だったのですが，彼ら学生諸君は天文学の常識が全然なかったので真剣に探してくれました．そうしたら，なんと 148 の太陽型星で，365 例もスーパーフレアが見つかりました（2011 年）．私の理論的予想通り，これらの星にはホットジュピターはありませんでした．

ついに翌 2012 年には論文が *Nature* 誌に出ました．あの STAP 細胞で有名になった *Nature* です．このときは，学生諸君はもう 3 回生になっていました．若者たちの活躍で見つかったので，彼らも共著者になりました．さすがにファーストオーサーは，ポストドクターの若い天文学者（前原裕之）がなりました．彼が指導的な役割を果たしてくれましたので．

Nature に出すときもなかなか大変で，レフェリーもエディターも「これはうそだろう」と疑ってかかるわけです．それを 1 個 1 個クリアして，ついに出たんですけれど，最後，出る直前に「太陽そっくりの星で起きているということは，私たちの太陽でも起きる可能性がある」という文章を書いたら，「こんな恐ろしいことを書いてはいけない．世界中を恐怖のどん底におとしめるものだ」と言って，そんな恐ろしくて無責任なことを書いてはいけないというんですね．

太陽で起きないと思われていたのが否定できなくなった，というのは，東日本大震災を経験した日本人としては黙っているわけにはいきません．そういう思いで，僕らはこの論文を書いたんですけれど，書かせてくれませんでした．*Nature* はちょっと政治的な雑誌ですね．しかし，記者発表をしたとき，記者の人にうそはつけないので，太陽で起こらないとはいえなくなったんです，と言いましたら，日本のメディアはちゃんと書いてくれました．

図 4.13 にスーパーフレアの典型例を示します．縦軸に星の明るさ，横軸に時間をとっています．横軸の期間は，30 日ぐらいです．0.01 というのは，1% 星が明るくなることを表しています．マイナスは暗くなります．面白いのが，

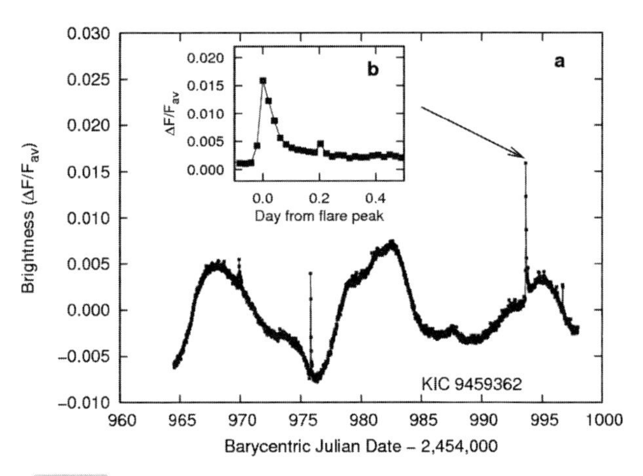

図 4.13 ケプラー衛星によって観測された太陽型星のスーパーフレアの典型例（Maehara *et al.*, 2012）

星の明るさ自身が変動していることです．

途中でスパイクがあるのがスーパーフレアです．これの拡大図が，図中に挿入図 b として示されています．なんと 1.5% も星が明るくなるんですね．キャリントンが見つけたフレアの 100 倍ぐらい明るいです．これは可視光の観測です．継続時間は 0.1 日，2 時間ぐらい光っています．エネルギーを見積もると，最大の太陽フレアの 1000 倍ぐらいあります．

非常に面白いことに，私たちが見つけたスーパーフレアを起こしている星は，みんな星の明るさが変動しているんですね．これはいったい何を表しているのでしょうか？　おそらく，私たちの解釈ですが，巨大な黒点のある星が自転しているせいではないか，と考えています．巨大な黒点があると，エネルギーをたくさん蓄えることができるので，大爆発が起きることが非常によく説明できます．図 4.14 にスーパーフレア星の想像図を示します．

これを 2012 年に発表したときは，世界中の天文学者が疑ってかかったんですが，データは世界中に公開されているので誰でも解析できます．当然同じ結果が出ますので，最近は疑う人は少なくなってきました．

スーパーフレアの頻度を図 4.15 に示します．縦軸に発生頻度，横軸にエネルギーをとっています．先ほどは X 線強度での統計を説明しましたが，エネ

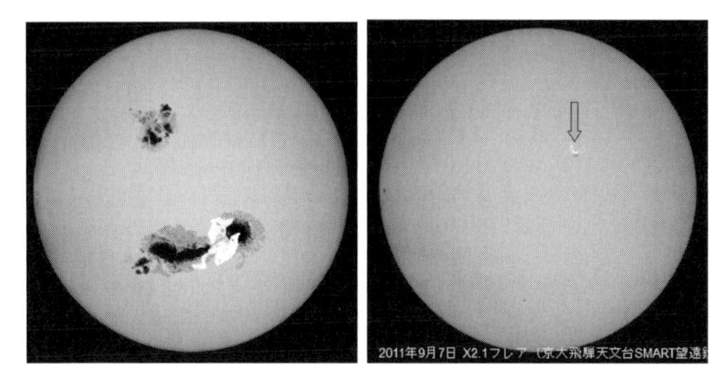

図 4.14　（左）スーパーフレア星の想像図，（右）実際に観測された太陽フレア（X クラスフレア）の可視光画像（京都大学飛騨天文台，2011 年 9 月 7 日）（口絵 3 参照）

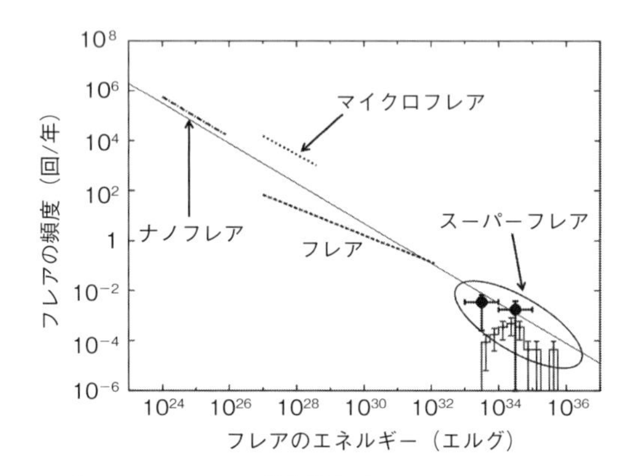

図 4.15　フレアとスーパーフレアの発生頻度（Maehara *et al.*, 2012, 2015 に基づく）

ルギーにしても同じようなものです．エネルギーが 10 倍になると頻度が 1/10 になります．僕らが見つけたスーパーフレアをプロットすると，フレアとだいたい同じ線上に乗っています．つまり，先ほどの予想とだいたい合っていて，最大級のフレアの 100〜1000 倍のエネルギーのスーパーフレアは，数千年に 1 回の頻度で発生する，といえます．

だから，すぐには心配する必要はないんですけれども，東日本大震災の大地震の頻度が 1000 年に一度でしたから，同じ程度です．決して遠い未来の話ではなくて，10 年後には起こるかもしれません．日本は通常オーロラが見られないので，フレア対策が真剣に議論されてきませんでした．これは，ちょっと危険じゃないでしょうか．

私たちの論文が出た直後の 2012 年，名古屋大学のグループ（当時大学院生だった三宅芙沙ら）が数千年の歴史がある屋久杉の年輪を調べたら，奈良時代（西暦 775 年）に宇宙から大量の宇宙線が飛んできたという証拠を見つけました．一番ありそうな可能性は太陽のスーパーフレアではないかといわれています．太陽でも 1000 年に 1 回のスーパーフレアがどうも起きたらしいということが，いまわかり始めています．

さらに興味深いことに，当時，京都大学文学研究科の早川尚志，理学研究科の玉澤春史，宇宙ユニットの磯部洋明たちが，奈良時代だったら，日本や中国の歴史文献の中に，スーパーフレアにともなうオーロラの記録があるかもしれないと探したら，それらしき記述を見つけたのです（Hayakawa *et al*., 2016）．彼らはこの時期以外にも，オーロラや巨大黒点の証拠となる歴史文献記録を続々と発見しており，いま，歴史文献天文学が大発展しつつあります（第 1 章や第 2 巻コラムを参照）．

4.11 もしスーパーフレアが起きたら

最大級の太陽フレアの 100〜1000 倍のスーパーフレアが起きたら，地球社会はどうなるでしょうか？

まずすべての人工衛星が壊れて使えなくなります．宇宙飛行士はおそらく即死するのではないかと思っています．飛行機に乗っていても深刻な放射線障害になる可能性が高いです．全地球規模で通信障害が発生し，インターネットは止まってしまいます．

オゾン層が破壊されるんじゃないかという怖い話があります．そうすると，紫外線が直接地面に届いて，みんな皮膚がんになります．それから全地球規模で大停電ですね．もちろん日本でオーロラが見えます．停電になると，すべての原子力発電所でメルトダウンが起こるんじゃないかと思います．これは究極の心配ですね．

最初は，ちょっと冗談半分で，過去にスーパーフレアが起きて生命に影響を与えたかもしれないといい出したんですが，どうも天文学的には，すべての星は，生まれたばかりのときには，そういうスーパーフレアを起こしています．そういうところで，地球のような惑星が生まれ，生命が生まれました．よくぞ生き延びてきたなと思います．

ひょっとしたら，それはよかったのかもしれないという人もいます．生命大絶滅は進化の原動力だったかもしれません．大量の放射線が飛んできて化学反応が促進されて，生命の誕生を早めたかもしれない（Airapetian *et al*., 2016），あるいは，遺伝子が壊れることにより進化が速まったかもしれないという人もいます．

いま生命が絶滅するほどのスーパーフレアが今後起きるかどうかは，まだわかりませんが，最大級のフレアの 100～1000 倍程度のスーパーフレアは，数千年に一度の頻度で起こる可能性がある，ということが見つかりました．これは生命が絶滅するほど激しくないので，それほど怖がらなくてもいいのですが，ただ，文明にとっては大災害となります．私たちはそれぐらい危険な文明をつくってしまった．これが怖いです．安全な文明にしないといけません．地震と同じで，フレア対策をしないといけません．

さらに，人類は大量の放射線が飛んでくる宇宙空間に進出しようとしていますが，果たして安全に行けるのかどうか．そのためには，本章で述べたように，太陽や宇宙を謙虚に観測して，そこから学ぶということが大事じゃないかと思います．

2018 年夏に完成した京都大学岡山 3.8 m せいめい望遠鏡（第 2 巻第 4 章参照）は，スーパーフレア星の観測より，スーパーフレアにともなうプロミネンス噴出やスーパーフレアの前兆現象を解明するのに，世界でもっとも適した望遠鏡です．これらが観測できれば，未来の太陽スーパーフレアによる被害を軽減するのに役立つ情報が得られるかもしれません．さらにスーパーフレア星の周りに惑星が見つかれば，スーパーフレアは周りの惑星にどんな影響や被害を及ぼしているのか，直接観測できる可能性もあります．すなわち，太陽系外宇宙天気研究の始まりです．今後の研究の発展が楽しみです．

引用文献

恩藤忠典・丸橋克英（編著）：宇宙環境科学（ウェーブサミット講座），オーム社，2000.

Airapetian, V. S. *et al.*: Prebiotic chemistry and atmospheric warming of early Earth by an active young Sun, *Nature Geoscience*, **9**: 452–455, 2016.

Asai, A. *et al.*: Flare ribbon expansion and energy release rate, *ApJ*, **611**: 557–567, 2004.

Hayakawa, H. *et al.*: Unusual rainbow and white rainbow: A new auroral candidate in oriental historical sources, *PASJ*, **68**(3): 33, 2016.

Koyama, K. *et al.*: Discovery of hard X-rays from a cluster of protostars, *PASJ*, **48**(5): L87–L92, 1996.

Maehara, H. *et al.*: Superflares on solar-type stars, *Nature*, **485**: 478–481, 2012.

Maehara, H. *et al.*: Statistical properties of superflares on solar-type stars based on 1-min cadence data, *Earth, Planets and Space*, **67**: 59, 2015.

Miyake, F. *et al.*: A signature of cosmic-ray increase in ad 774–775 from tree rings in Japan, *Nature*, **486**: 240–242, 2012.

Schaefer, B. *et al.*: Superflares on ordinary solar-type stars, *ApJ*, **529**: 1026–1030, 2000.

Shibata, K. and T. Magara: Solar flares: Magnetohydrodynamic processes, *Living Reviews in Solar Physics*, **8**: 6, 2011.

参考文献

日本語で書かれた太陽フレアや宇宙天気の解説書に関しては以下の文献を参照のこと.

上出洋介：太陽と地球の不思議な関係，講談社ブルーバックス，2011.

柴田一成：太陽の科学，NHK 出版，2010.

柴田一成：太陽大異変，朝日新書，朝日新聞出版，2013.

柴田一成・大山真満・磯部洋明・浅井　歩：最新画像で見る太陽，ナノオプトニクス・エナジー出版局，2011.

柴田一成・上出洋介（編）：総説宇宙天気，京都大学学術出版会，2011.

京都大学グループによるスーパーフレアの初期の研究成果については「天文月報特集：太陽型星におけるスーパーフレア」(「天文月報」2014 年 5 号，7 号，9 号) を参照されたい.

http://www.asj.or.jp/geppou/contents/2014_05.html（最終確認日 2019.9.21）

http://www.asj.or.jp/geppou/contents/2014_07.html（最終確認日 2019.9.21）

http://www.asj.or.jp/geppou/contents/2014_09.html（最終確認日 2019.9.21）

chapter 5

宇宙医学・生理学——宇宙でのからだの反応

石原昭彦・寺田昌弘

現在，宇宙飛行士は国際宇宙ステーション（ISS）で 6 カ月程度の期間，宇宙に滞在しています．人の宇宙滞在はどんどん長くなり，近い将来には，宇宙ホテル，宇宙エレベーターや月面基地の建設，火星への移住など，さらには想像をはるかに超える宇宙開発が進むかもしれません．宇宙開発が進み，人の宇宙滞在時間がますます長くなると，微小重力（高度 400 km を周回している ISS は地上の 100 万分の 1 の微小な重力）や低重力（月面は地球の 1/6，火星は 3/8 の重力）環境での生活も長くなります．そのため，微小重力や低重力の環境に滞在することによって，どのように私たちのからだに影響があるかを研究し，その対策を考えることは非常に重要です．

宇宙環境に滞在すると，私たちのからだには滞在後すぐに生じる急性的な変化と，徐々に生じる慢性的な変化が認められます．急性的な変化としては，平衡感覚や視覚の乱れによる宇宙酔い，体液分布が変化する体液シフトなどがあります．慢性的な変化としては，骨密度低下，骨格筋の萎縮，神経変性などがあります（第２章では宇宙飛行の実際の体験が書かれています）．本章では，宇宙環境への滞在によって生じるからだの変化として，体液のシフトと減少，筋肉と神経の反応について説明します．さらに，遠い星への宇宙旅行を可能にするための方法について説明します．

5.1 体液シフト

微小重力の環境への滞在によって最初に生じる変化としては，体液シフトと体液の減少があります．地球上では，重力があるために水の重さによって静水圧（静止している水の中に働く圧力）が働き，400～600 mL の血液が下半身

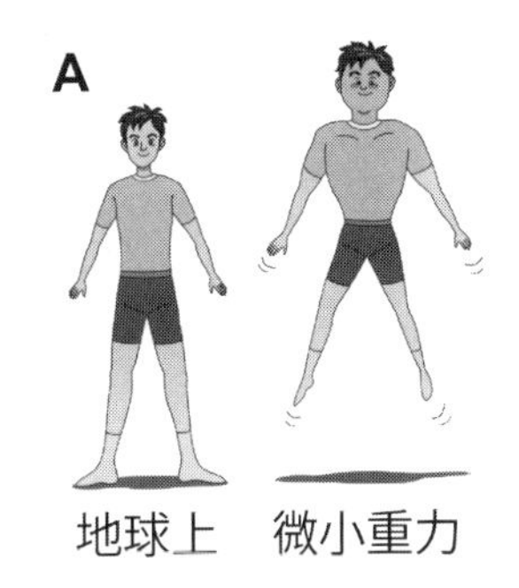

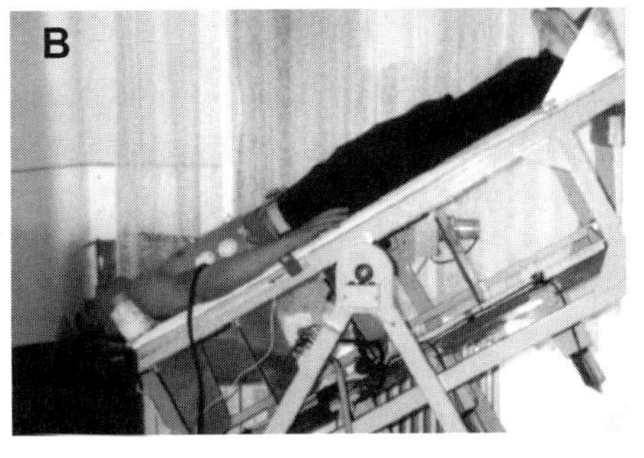

図5.1 （A）微小重力の環境に滞在した初期にみられる体液シフト（宇宙環境利用推進センター編，2002）．微小重力では重力がなくなるために，下半身から上半身に向かって体液が移動します．これにより顔が丸くなるムーンフェイスと足が細くなるバードレッグという変化が生じます．（B）地球上で，心臓より頭部を低くすることによってムーンフェイスとバードレッグを引き起こすことができます．地球上で体液シフトを引き起こして，心電図，脳波，筋電図，血流などを分析することによって，体液シフトによるからだの反応のメカニズムを解明したり，体液シフトを予防する方法を研究しています（Hungarian Space Office, 1999）．

（足の方向）にたまっています．一方，微小重力の環境では重さがなくなり静水圧も働かなくなり，多くの血液が上半身（頭部の方向）に流れて，下半身にたまる血液量が減少します．その結果，顔は満月のように丸くなり（これをムーンフェイス（moon face）といいます），足は鳥のように細くなります（これをバードレッグ（bird leg）といいます）（図5.1）．1992年，毛利衛宇宙飛行士がスペースシャトルで宇宙に滞在して5日後に首と太ももの周りを測定しました．地球上に比べて首回りが1～2 cm太くなり，太ももは約4 cm細くなっていました（宇宙環境利用推進センター編，2002）．

特殊なジェット機を使用してパラボリックフライト（放物線飛行）を行うことによって，人工的に約20秒間にわたる微小重力（地上と比べて約1/100の重力）の環境をつくり出すことができます．複数回にわたって微小重力の環境をつくり出して，上肢と下肢の皮膚表面の血流を比較しました．その結果，微小重力の環境では上肢の血流に変化は認められませんでしたが，下肢の血流は減少しました（図5.2）．短時間の間欠的な微小重力の環境で認められた血流の変化ですが，微小重力の環境では，下肢へ流れる血流と心臓に戻る血流が減少することになります．

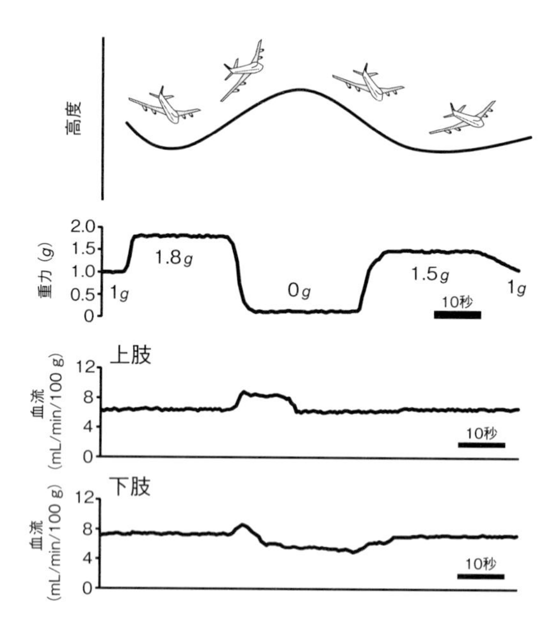

図 5.2 特殊なジェット機を使用したパラボリックフライト（放物線飛行）による重力変化と上肢と下肢の血流変化（Nagatomo *et al*., 2014 を改変）

1 回のパラボリックフライトで，加重力（1.8 *g*, *g* は gravity のことで，地球上は 1 *g* になります）から微小重力（0 *g* から micro *g*：100 万分の 1 *g*）へと移行，再び加重力（1.5 *g*）となり，最後に回復（1 *g*）します．上肢の血流については，微小重力の最初に一時的な血流の増大が認められますが，その後は変化しません．上肢での一時的な血流の増大は，加重力から微小重力へ移行した際の反射による反応と考えています．一方，下肢の血流は，微小重力下では減少（体液シフト）します．血流は，1 分間での組織 100 g あたりの流量を mL で示しています．

5.2 体液の減少

微小重力の環境に滞在した初期には，一時的に心臓に戻る血液量（静脈還流量）が増大して，1 回の心臓の収縮で送り出される血液量（1 回拍出量）が増大します．そのとき，心房にある受容器が体液の増大を感知して，体液を減少させようとします．その結果，腎臓からの尿の排泄量が増えて，体液が減少します．減少量は，28 日間の微小重力の環境への滞在によって約 300 mL に達します．この体液変化は，微小重力の環境に滞在してから 4 日後までに急速に減少して，30～60 日後には一定になります．

微小重力の環境への滞在によって体内に取り込むことができる 1 分間あたりの最大の酸素量（最大酸素摂取量）が減少します．最大酸素摂取量は，持久力を示す値ですが，この減少の程度は，血液量の減少と対応しています．

微小重力の環境への滞在によって循環する血液量が減少しますが，地球に帰還すると重力の影響で血液が下肢に貯留します．したがって，地球上に帰還した直後は，循環する血液量の減少と下肢への体液シフトによって，脳への血流が減少して起立性の貧血を起こします．そのために宇宙飛行士は，地球への帰還 48 時間前から 1～2 L の食塩水を補給して，体液量を増大させることで対応します．

宇宙環境への滞在によって血液を循環させる機能が低下すれば，心臓に戻る静脈血液量が減少したり，血管がふさがったり，血栓が生じる可能性が高くなります．骨格筋や神経の代謝を維持するためには血流は不可欠です．微小重力の環境への滞在で生じる骨格筋の萎縮や神経への影響を軽減するためには，血液量の減少を改善し，上半身への体液シフトを予防するための方法を研究する必要があります．また，地球上への帰還後，微小重力の環境に滞在する前の血流状態まで回復できるかどうか，回復できる場合はどの程度の期間が必要なのかを研究する必要があります．

5.3 骨格筋の萎縮

筋肉は，自分の意志によって力を発揮することができる骨格筋と，自分の意志とは無関係に自動的に活動する平滑筋に分かれます．平滑筋は，内臓や血管を構成しています．骨格筋は可塑性（適応能力）に優れており，運動を継続すれば太くなり，ケガや病気で使用しなくなると細くなります．骨格筋は，細長い糸のような単一の細胞（これを錘外筋線維といいます）が束をなすことによって構成されています（表 5.1）．骨格筋が太くなったり細くなったりするのは，1 本 1 本の筋線維が太くなったり細くなったりするためです．一方，骨格筋内には，筋紡錘とよばれる感覚器官が多数分布しています．筋紡錘内にも筋線維（これを錘内筋線維といいます）が分布しており，それらの筋線維は筋力

表 5.1　骨格筋を構成する筋線維の分類

錘内筋線維	錘外筋線維	
	遅筋線維	速筋線維
筋感覚器（筋紡錘）内に分布	骨格筋を構成する	
筋力の調節に関係	姿勢維持・歩行など持続的な活動	大きな筋力発揮で活動
	酸化能力が高い	酸化能力が低い
	ミトコンドリアが多い	ミトコンドリアが少ない
	毛細血管が多い	毛細血管が少ない
	グリコーゲンが少ない	グリコーゲンが多い

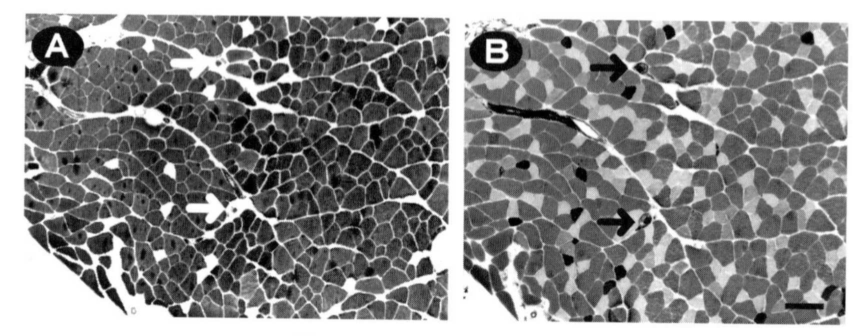

図 5.3　骨格筋の連続した横断面

A は酸性前処理の adenosine triphosphatase（ATPase）染色，B はアルカリ性前処理の ATPase 染色を施しています．骨格筋の連続した切片に異なる染色を施して，筋線維をタイプ分類します．A で濃く B で薄い色をした筋線維は速筋線維，A で薄く B で濃い色をした筋線維は遅筋線維，A で濃く B でやや濃い色をした筋線維は持久能力に優れた速筋線維になります．矢印は筋紡錘（感覚器官）を示し，内部には数本の錘内筋線維が分布しています．B の右下のスケールは 100 μm を示します．

の発揮には関係していませんが，筋力や筋持久力の調節に関係しています．

筋線維（錘外筋線維）は，大きな力を発揮したり瞬発的に収縮できますがすぐに疲労する速筋線維と，大きな力を発揮したり瞬発的に収縮できませんが持続的に活動する遅筋線維に分かれており，骨格筋はそれらの 2 種類の筋線維が混在しています（図 5.3）．速筋線維の割合が多い骨格筋は速筋となり，遅筋線維の割合が多い骨格筋は遅筋となります．したがって，全力で走ったり重たい物を持ち上げたりするときには速筋線維が活動して，姿勢を保持したり歩行したりするときには遅筋線維が活動します．このように筋活動の強度や持続時間によって活動する筋線維の種類が異なり，絶えず効率よく合理的に筋力発揮が行える仕組みになっています．超一流のスポーツ選手は骨格筋を構成する筋線維の割合が偏っており，短距離走など瞬発的に最大努力での筋力発揮が必要な種目では，速筋線維の割合が高くなっています．一方，マラソンなど持久的，持続的に活動する筋力発揮が必要な種目では，遅筋線維の割合が高くなっています．老化によって骨格筋の萎縮が生じますが，筋線維についてみると速筋線維の萎縮が顕著に認められることがわかっています．

微小重力の環境への滞在によって骨格筋で生じる変化が研究されてきました．スペースシャトル（2011 年まで地球と宇宙を往復していた有人宇宙船．宇宙実験，人工衛星の放出，国際宇宙ステーションの建設などに貢献しました．第 2 章 2.5 節参照）による 7～10 日間の短期間の微小重力の環境への滞在では，宇宙飛行士の太ももの骨格筋（下腿三頭筋，大腿四頭筋）が約 6% 萎縮しました．筋線維の萎縮についても，宇宙飛行士の骨格筋（外側広筋）をバイオプシー（筋断片を外科的に摘出する技術）により摘出して分析したところ，5～11 日間の短期間の微小重力の環境への滞在で遅筋線維，速筋線維ともに 15～22% 萎縮しました．

微小重力の環境への滞在による骨格筋への影響は，骨格筋や筋線維の種類や位置（深層部または表層部）によって異なることが明らかにされています（表 5.2）．姿勢を保持したり（体重を支えたり），歩行したりするときに活動している遅筋（抗重力筋）で萎縮が大きくなります．一方，大きな力を発揮するときに活動する速筋では萎縮が小さくなります．また，遅筋線維から速筋線維へと性質が変化するタイプ移行が生じます．これは，遅筋線維内に分布するミトコンドリア（筋線維の中に多数分布しており，酸素と栄養分を使用してエネルギーをつくります）の機能や数が減少することによります．微小重力の環境への滞在では，骨格筋の萎縮にともない，発揮できる筋力も低下することがわかっています．足関節を背屈させる（足の甲の方に曲げる）骨格筋では，短期間，長期間の滞在期間に関係なく，筋力が低下します．一方，足関節を底屈させる（足の裏の方に曲げる）骨格筋では，短期間の滞在では筋力の変化は認め

表 5.2 微小重力の環境への滞在によって生じる実験動物の骨格筋重量の減少（Roy *et al.*, 1996 を改変）

〈ロシアによるコスモス計画 (605～2044) での結果〉

滞在期間	5～9 日	13～22 日
ヒラメ筋	−17%，−23%，−29%	−25%，−32%，−40%
足底筋	−14%，−17%	
腓腹筋（外側部）	−11%	−13%，−16%
腓腹筋（内側部）	−9%，−24%	
長指伸筋	−4%，−8%，−11%	−7%，−12%
前脛骨筋	−7%	−4%
上腕二頭筋	−11%，−12%	
上腕三頭筋	−4%，−7%	

〈米国によるスペースシャトル計画 (STS−1～STS−54) での結果〉

滞在期間	4～7 日	9～14 日
ヒラメ筋	−24%，−36%，−38%	−29%
長内転筋	−26%	
足底筋	−11%，−22%，−24%	
腓腹筋	−14%，−16%，−21%	
長指伸筋	−5%，−10%，−16%	
前脛骨筋	−9%，−11%	−1%，−7%
外側広筋		−5%，−15%
中間広筋		−22%，−23%

地球上で飼育した実験動物に対して微小重力の環境への滞在から帰還した実験動物の筋重量の変化を減少率で示しています．複数の数値が記載されているのは，複数の宇宙実験を実施したことによります．

られませんが，長期の滞在になると低下します．また，筋力の低下率は，筋横断面積（筋線維を横方向に切ったときの面積）の減少率よりも大きいことから，筋力の低下には筋量だけでなく神経系の変化や血流の減少などが考えられます．

微小重力の環境では重力に対して筋活動を行う必要がなく，したがって抗重力筋である遅筋の萎縮やタイプ移行が生じると考えられます．微小重力への滞在では，頭部に流れる血流が増える（体液シフト）ために，脚の骨格筋への血流が減少します．さらに，筋線維 1 本あたりに接続する毛細血管数が減少します．遅筋や遅筋線維は持続的に活動するために酸素や栄養分が慢性的に供給される必要があります．したがって，体液シフトによる骨格筋や筋線維への血流不足は，遅筋や遅筋線維の機能や形態を低下させます．なお，微小重力の環境への滞在の初期には骨格筋や筋線維は顕著に萎縮しますが，その後はゆっくりと萎縮します．

骨格筋の萎縮が生じるメカニズムとしては，活動量の減少による廃用性（使用しないこと）の変化と考えられています．筋線維が活動しないことによって血流が低下して，栄養分や酸素が筋線維に運ばれなくなることによるものと考えられています．

宇宙環境に滞在している限りは，血流の減少や骨格筋の萎縮は宇宙に適応した変化といえます．しかしながら，地球への帰還後に重力が筋力の発揮や調節に大きな影響を及ぼすことになります．帰還後は地上の重力に再適応するために，ただちに合理的で効果的なリハビリテーションを行う必要があります．

5.4 遠い星への旅行を目指して

微小重力の環境への滞在は，骨格筋の萎縮や神経の変化を引き起こし，地球への帰還後の生活を不自由にしたり，様々な病気を発症させたりします．微小重力の環境への滞在を続ければ，からだはその環境に適応して変化していきます．微小重力や低重力の環境に長期間にわたって滞在した後，地球に帰還して1 g の重力に再適応するときに，筋力を発揮できない，骨がもろく折れやすい，神経が変性するなどの変化が生じます．これらの変化を最小限に抑えるためには，宇宙環境への滞在中に生じるからだの変化をできる限り最小限に抑える必要があります．

5.4.1 Preconditioning と Postconditioning

骨格筋の萎縮や神経の変性が生じる直前（Preconditioning）または直後（Postconditioning）にある刺激や負荷を与えることによって，骨格筋の萎縮や神経の変性を軽減する方法が考えられています．実験動物の後肢の骨格筋に萎縮を引き起こす前に熱を加えることによって骨格筋の萎縮が軽減できたこと，1回の走運動によって筋萎縮は防げなかったが，筋線維のタイプ移行を抑制できたことが報告されています.

軽度高気圧酸素（気圧が1266～1317 hPa（1.25～1.3気圧）で酸素濃度が35～40%）の環境に滞在することによって，血漿に溶け込む溶存酸素と末梢での血流を増やすことができます．実験動物を2週間にわたって後肢懸垂（尾をつり上げて後肢に慢性的に負荷が加わらないようにする動物実験）をして，その前後どちらか，または，前後ともに2週間にわたって軽度高気圧酸素の環境に滞在させました．後肢懸垂の前，または後に軽度高気圧酸素に滞在させた実験動物では，骨格筋の萎縮を抑制できませんでした．一方，前後ともに軽度高気圧酸素の環境に滞在させた実験動物では，骨格筋の萎縮を軽減できました（図5.4）．これは，軽度高気圧酸素の環境への滞在によって，骨格筋で溶存酸素や末梢血流が増大して代謝が向上したことによります．骨格筋の萎縮に対するPreconditioningとPostconditioningの効果については，微小重力への滞在期間が長くなるほど小さくなると考えられます.

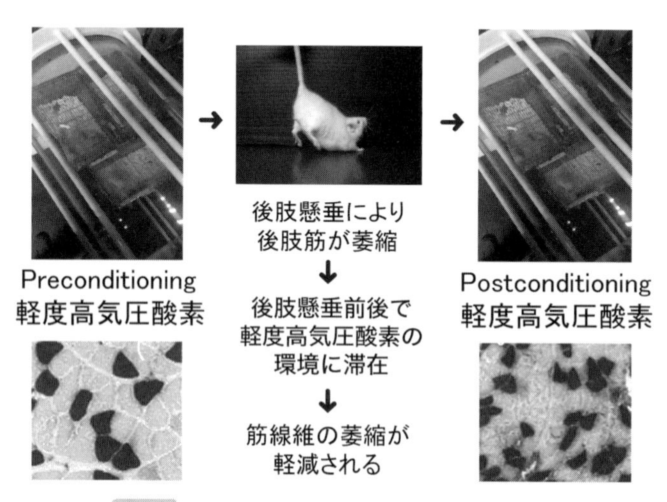

図5.4　PreconditioningとPostconditioningの実験
実験動物の後肢を慢性的につり上げて，後肢筋に負荷が加わらないようにします．2～3週間にわたってこの状態（後肢懸垂）を維持することで，後肢筋の筋線維に萎縮を引き起こすことができます．一方，後肢懸垂の前後に軽度高気圧酸素の環境に滞在させると，筋線維の萎縮を軽減することができます.

5.4.2　回転による遠心力

微小重力の環境で遠心力を利用して重力を発生させて，微小重力の影響を軽減する方法が検討されています．人工衛星や宇宙ステーションを一定の速度で回転させて人工重力を発生させます．実験動物では，火星表面に滞在したときと同一の重力（3/8 g）を発生させるために，実験動物を搭載した生物衛星を1分間に32回転させて地球を長期間にわたって周回させる計画がありました．火星に降りなくても，地球を周回することで火星上と同じ重力を得ることができます．しかしながら，回転によって重力をつくり出しても人がその環境に慣れることは難しいです．宇宙環境で宇宙ステーションを巨大にして回転させたとしても地球上と同じ1 g の重力を得て生活するのは厳しいと考えられます．

5.4.3　冬　眠

シマリス，コウモリ，ニホンヤマネは冬眠動物です．冬眠動物の特徴は，冬眠中は代謝が低い（ニホンヤマネの場合は，体温が摂氏約4度，安静時心拍数が1分間あたり数拍になります），寿命が長い（冬眠しないヤマネに対して冬眠するニホンヤマネは，約3倍の寿命になります），さらに数カ月以上にわたって不活動になりますが，筋萎縮や骨粗しょう症が生じないことです．シマリスについては，冬眠中にからだの機能を保護する冬眠物質が放出されることが明らかにされています．

2006年に日本人（35歳）が山中で遭難して，24日後に意識不明で発見されました．発見時には直腸温が22度まで下がっていました．3週間ほどは食物および水分の摂取はなかったようです．低体温による擬似冬眠の状態で生命が維持できたと考えられています．2012年に雪に埋もれた車中に約2カ月閉じ込められたスウェーデン人（45歳）が救出されました．車中で体温が31度まで低下しており，低体温での擬似冬眠の状態により体力の消耗を防ぐことができたと考えられています．低体温により冬眠状態を引き起こすことができるのは，特別な体質によるのかもしれません．しかしながら，擬似冬眠を利用することによって慢性的に代謝を低下させて，筋萎縮や骨粗しょう症を生じることなく，遠い星へ旅行する時代がやってくるかもしれません．

5.4.4 代謝の増大

代謝が低下すると健康や体力が衰えたり，加齢が進んだり，病気になりやすくなったりします．一方，代謝を維持・向上することによってそれらを予防できます．定期的に運動を継続することは，慢性的な代謝の維持には有効です．宇宙環境は微小重力なので，大きな筋力を発揮する必要がありません．また，運動を行うための十分なスペースがないので運動させる筋肉（特に体幹や深部筋）や方法（バーベルなどおもりを負荷としてトレーニングする）が限られます．気圧と酸素濃度を適切に上昇させた軽度高気圧酸素の環境に滞在することによって，血液中に溶け込む溶存酸素と末梢血流を増大させて，代謝を向上させることができます．この場合，気圧と酸素濃度を上昇させた環境に滞在するだけでよいので，ケガをした人，高齢者，身体障がい者でも滞在することができます．軽度高気圧酸素の環境に滞在することにより，健康や体力の維持・増進，病気にならないからだをつくる（免疫力や抵抗力を上げる），抗加齢，美容に対する効果を期待できます．酸素は，血液中を流れる赤血球中のヘモグロビンに接続している酸素（これを結合酸素といいます）と，血液に直接溶け込んでいる酸素（これを溶存酸素といいます）に分かれます（図 5.5）．溶存酸素は，結合酸素と比べるときわめて少ないです．しかしながら，溶存酸素は血液に直接溶け込んでいるために，赤血球が連鎖したり凝集したりして流れにくい状態でも，さらに血管が細くても，手先や足先，心臓，眼，脳の奥深くまで流れていくことができます．

軽度高気圧酸素の環境に滞在することによって，①結合酸素や溶存酸素が増大する，②血液の粘りが改善する，③末梢血流が増大する，④自律神経の活動が安定することが明らかにされています．ヘモグロビンに結合している酸素の割合は酸素飽和度で示され，通常は約 98%になります．呼吸・循環器の疾患や睡眠時無呼吸症候群では酸素飽和度は低くなります．健康な人でも高地に滞在すると空気が薄くなる（気圧の低下で一定の空気に含まれる酸素量が減少します）ために酸素濃度は低くなります．軽度高気圧酸素の環境への滞在は，酸素飽和度を 100%へと増大させるために結合酸素が増大しますが，増大量は通常の環境（1 気圧 = 1013 hPa，20.9%酸素）から約 2%増えるだけです．一方，溶存酸素については，通常の環境に対して軽度高気圧酸素の環境では，約 3 倍

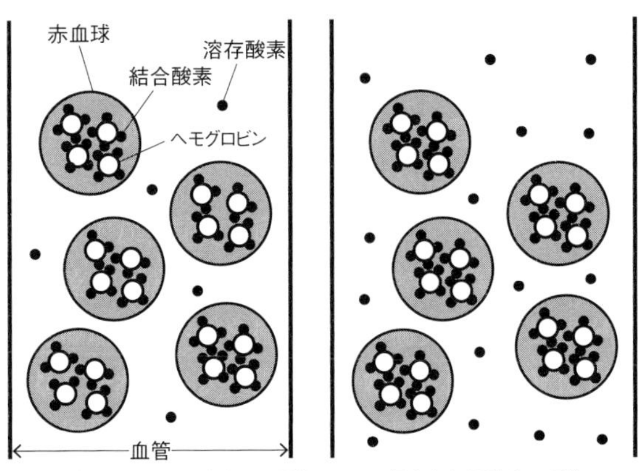

図 5.5　軽度高気圧酸素の環境における結合酸素と溶存酸素の変化

血液中には，赤血球内のヘモグロビンに結合した結合酸素と血液中に溶け込んだ溶存酸素が存在します．溶存酸素は結合酸素と比較してごくわずかですが，血液に直接溶け込んでいるので，血管がどれだけ細くても，血液がどれだけドロドロしていても，手や足，脳や心臓，眼の細部の血管まで容易に流れていくことができます．溶存酸素を増やすことができるのは，気圧の上昇と酸素濃度の増大だけです．1.25～1.3 気圧（1266～1317 hpa），35～40% 酸素の軽度高気圧酸素の環境では，ヘモグロビンに結合する酸素はほぼ 100% になります．一方，溶存酸素は約 3 倍に増大します．

に増大します．溶存酸素は，気圧の上昇と酸素濃度の増大によって増えますが，気圧を上げすぎれば，鼓膜の損傷，頭痛，歯痛，胸痛などの気圧外傷が生じます．また，酸素濃度を上げすぎれば，酸素中毒が生じ，活性酸素が過剰に発生します．軽度高気圧酸素の環境は，これらの副作用が生じないように安全にからだ全体への効果を引き出すことができます．これまでの研究では，動物実験による研究からメタボリックシンドローム，2 型糖尿病，糖尿病性白内障，高血圧，関節炎，パーキンソン病の予防や遅延に軽度高気圧酸素の環境への滞在が効果的であることが明らかにされています．さらに，発育期の実験動物を軽度高気圧酸素の環境に滞在させると，運動神経細胞の酸化能力が増大して，自発的な走運動量が増えること，高齢の実験動物では加齢による骨格筋線維や運動神経細胞での酸化能力の減少が軽減することがわかっています．

微小重力の環境において，定期的に軽度高気圧酸素の環境に滞在すれば，代謝の低下を軽減できると期待されます．骨格筋の萎縮や神経の変化に対する軽度高気圧酸素の影響については現在研究中です．擬似冬眠による代謝の低下と軽度高気圧酸素による代謝の向上はからだに対して反対の反応を引き起こしますが，微小重力の環境への滞在で生じる骨格筋の萎縮や神経の変性に対しては，ともに抑制する方向に作用すると考えられます．

5.4.5　骨格筋の遺伝子を操作する

骨格筋内の遅筋線維に含まれるPGC-1αというタンパク質を速筋線維で発現させると，速筋線維は遅筋線維にタイプ移行します．筋線維内のミトコンドリア量が増大して，さらに毛細血管が新生するので，有酸素的な代謝が促進します．なお，持久的な運動トレーニングを継続することによって骨格筋でのPGC-1αの発現が増大することがわかっています．一方，骨格筋でGDF-8というタンパク質の発現を抑えることによって，筋肥大を引き起こすことができます．GDF-8の発現を抑えた骨格筋の重量は，2〜3倍に増えています．このときの骨格筋量の増大は，肥大と過形成の両方により引き起こされています．将来的には，遺伝子操作によってこれらの物質の発現をコントロールし，宇宙環境での骨格筋の萎縮を予防できる可能性があります．

5.5　長期宇宙滞在を目指して

火星に人を居住させる計画が進んでいます．地球上とは異なる重力下でどのようにからだの形態や機能を維持するか，その方法を確立する必要があります．または，永遠にその星の重力下に住み続けるのであれば，その重力に適応したからだになってもよいのかもしれません．しかしながら，しばらくは，地球外の星に定住するのではなく，宇宙と地球を行き来する生活が続くと考えられます．宇宙環境に長期間にわたって滞在することにより適応したからだを地球に帰還した後に効率よく再適応させるためには，宇宙環境で生じるからだの変化のメカニズムを明らかにして，さらにその変化をできる限り抑える方法を確立する必要があります．

引用文献

宇宙環境利用推進センター（編）：宇宙でのくらし．なるほど宇宙，pp.85–100，朝日新聞社，2002.

Hungarian Space Office ed.: Hungarian Space Activities, 1999.

McPherron, A. C., A. M. Lawler and S. J. Lee: Regulation of skeletal muscle mass in mice by a new TGF-β superfamily member, *Nature*, **387**: 83–90, 1997.

Nagatomo, F., M. Kouzaki and A. Ishihara: Effects of microgravity on blood flow in the upper and lower limbs, *Aerospace Science and Technology*, **34**: 20–23, 2014.

Roy, R. R., K. M. Baldwin and V. R. Edgerton: Response of neuromuscular unit to spaceflight: what has been learned from the rat model, *Exercise and Sport Sciences Reviews*, **24**: 399–425, 1996.

参考文献

石原昭彦：運動神経と筋力の多様性．筋力をデザインする（吉岡利忠・後藤勝正・石井直方編），pp.33–49，杏林書院，2003.

骨格筋（および筋線維）とそれを神経支配する脊髄の運動ニューロンの形態や機能について説明しています．筋線維と運動ニューロンの種類や対応（神経筋単位）について説明しています．さらに，神経筋単位の適応について説明しています．

石原昭彦：宇宙と地球を行き来する生活を目指して―宇宙環境での神経・筋の反応―（特集：宇宙生物医学―未来への招待―）．Biophilia（ビオフィリア），2: 16–22，2005.

宇宙環境に滞在することによって生じる骨格筋と神経の反応について説明しています．さらに，宇宙環境に滞在した後，どのように地球上の環境に再適応するのかについて説明しています．

石原昭彦：軽度高気圧酸素の仕組みと効果．ファルマシア（日本薬理学会），**53**: 241–244, 2017.

軽度高気圧酸素の環境に滞在することによってからだでどのような変化が生じるのかについて説明しています．実験動物を用いた研究から，軽度高気圧酸素がメタボリックシンドローム，糖尿病，糖尿病性白内障，高血圧，関節炎などの予防，軽減に有効であることを説明しています．

永友文子・石原昭彦：脊髄運動ニューロンの可塑性．ニュー運動生理学 I（宮村実晴編），pp. 159–168，真興交易医書出版部，2014.

骨格筋を神経支配する脊髄の運動ニューロンの生理学的な特性についての基礎的な説明をしています．特に運動ニューロンの性質がどのようなことで変化するのかがまとめられています．

chapter 6

宇宙倫理——宇宙への進出をめぐる倫理問題

伊勢田哲治

本章では，人文社会系の観点から宇宙の問題を考えます．私は科学哲学とか倫理学などの哲学系の分野を専門としています．その立場から，宇宙というものを視野に入れることで私たちのものの見え方，倫理的な考え方がどんなふうに変わるのか，あるいは，これまで私たちが考えてきた倫理についての考え方を宇宙にまつわる様々な問題にあてはめてみたらどうなるかということを考えています．

6.1 宇宙倫理とは

「宇宙倫理」という言葉は，たぶん聞いたことがないという方が多いと思います．世界的にも，ここ数年になってようやく研究書などが出るようになった，非常に新しい分野です．これから人類が宇宙開発をしていく上で生じる様々な問題，たとえばそもそも宇宙開発をするべきなのか，あるいは，宇宙開発をするにしても，それは人間が行くべきものなのかどうか，誰がお金を払うのかとか，そういう問題が宇宙倫理の守備範囲です．あるいは，すぐには直面しない問題ですが，たとえば，実際に宇宙に人が住むようになったら，その社会は，どんな社会になるべきなのか．SF に登場するようなスペースコロニーができたなら，そこに住む人の社会というのは，地球上の人間社会と何か違うのか，違わないのかということなども宇宙倫理に含まれます．あるいは，もっと空想的な話になると，人類が異星人と出会ったらどう接するべきなのか，いや，そもそも異星人とは誰なのかという問題などもあります（第4巻第6章参照）．当然，異星人は人型をしているとは限らないし，そもそも私たちの生物のイメージとかけ離れたものと出会うかもしれません．そういうときに，いったい何を基準に相手を異星人と見なし，どんなふうに接するのかという問題も発生します[1)].

こうした問題に倫理学の視点から切り込むのが宇宙倫理ということになります．宇宙開発のあり方や実際に宇宙に人が住むようになったらどうすべきかについては，当然，宇宙開発の当事者からの発言は多くあります．しかし，そうした発言を倫理学の観点から見ると，「あなたはそう思うかもしれないけど，それはどのぐらい一般化できるような話なのか」「あなたがよりどころとしている基本的な理念はどのぐらい客観性があるのか」などが気になってきます．

では，倫理学がもうちょっとましなものを出せるかというと，必ずしもそうでもないのですが，もう少し客観性を重んじた，できるだけ筋を通した議論をすることは可能です．たとえば，ある人が「XだからYするべきだ」というような理由付きの主張をしたとき，同じXという理由を他の事例にもあてはめてみて問題ないかというテストで，その主張のある種の整合性を確かめることができます．これは普遍化可能性テストとよばれ，倫理学でよく使われます．たとえば，「人類には探究心があるのだから，その探究心を国家は全力でサポートするべきである，したがって宇宙探査を国家は支援すべきである」という議論があったりします．では，「人類の好奇心に対して，国家は全力でサポートするべきだ」という判断は一般化してみたときどのくらい説得力があるでしょうか．たとえば「人間を拷問したらどんな反応をするのか，すごく好奇心がある．だから，これに国家からの最大限の支援をお願いします」と言う研究者がいたらどうでしょうか．こうした例を考えるなら，人間が好奇心の対象にしているというだけでは正当化にならないはずですが，きちんと考えないとそういうことも許容されるような気がしてしまいます．こういうことを考えるのが倫理学の視点ということになります．

本章では，この宇宙倫理の様々な話題の中で，地球以外の天体へ行くことと，地球以外の天体の環境保護の問題を少し考えてみましょう．より具体的には，「火星ミッションの安全基準は地上の安全基準とそろえるべきか」という

---

1) こうした問題の一部は稲葉（2016）や呉羽ほか（2016）で取り上げられているので参照してください．

問題，「人類はほかの天体を現状維持する義務をもつだろうか」という問題，それから最後に「私たちは人類を存続させる義務をもつだろうか」，これらの論点について考えたいと思います．

前もって言っておくと，本章を最後まで読んでも，これらの論点について，何か明確な答えが出るわけではありません．倫理学の中でも，生命倫理など，議論の歴史の中でかなり具体的なルールが共有されるに至った分野はあります．そういう分野では，「こういうものは人体実験に相当するからやってはならない」といったことがかなりはっきり言えます．それに対して，宇宙倫理はまだ議論のとっかかりにたどりついたところで，そういう共有された答えもまだない状態です．そうした状況で無理に「正解」を出そうとすると，結局書いている私の偏見を押し付けることにもなりかねません．そのため，ここではあくまで「考え方」の紹介にとどめます．

もちろん，答えを出さないからといって何の役にも立たないわけではありません．たとえば，本章の執筆者も関わって，宇宙探査・開発・利用に関わるELSI（倫理的・法的・社会的含意）の研究が行われ，報告書がつくられています（呉羽ほか，2018．オンラインでダウンロードできます．また第3巻第6章の解説もご覧ください）．これは，今後の宇宙探査・開発・利用の進展にともなって生じうる問題を整理し，宇宙政策の策定の参考にしてもらうためのものですが，こうした論点整理において倫理学の手法は力を発揮します．

6.2 火星ミッションの安全基準はどうあるべきか

まず，火星ミッションの安全基準について．20××年，NASAがついに有人火星ミッションのメンバーを発表し，日本人宇宙飛行士も参加することになったとしましょう．本人は「大変名誉なこと．全力を尽くします」とコメント．日本国内も祝賀ムードで大騒ぎに……というようなことが仮に実現したときに，そこにまつわる倫理問題は存在しないでしょうか．

宇宙飛行には様々なリスクがあります．まず，事故のリスクがあります．火星ミッションはまだ行われたことがありませんが，これまでもロケットでの飛行中の事故は米ソ民間すべてあわせて6件起こっており，死者19名，重傷者

1名を出しています．そうした事故がなくとも，身体的・心理的健康の問題があります．微小重力や閉鎖環境は人間の心身に様々な影響を及ぼし，それを研究する宇宙医学という分野もあります（第5章参照）．これらはわかりやすいですが，若干見えにくいのが放射線被ばくの害です．宇宙空間は大気や地球の磁場で保護されていないため，太陽からの放射線が遮蔽なく体に到達し，影響を与えます（第4章参照）．たとえば，宇宙ステーションでは1日0.5〜1ミリシーベルトの放射線を浴びますが，これは地上でいえば数カ月〜半年の被ばく量にあたります．2年半の火星ミッションでの総被ばく線量（つまり，火星に行って帰ってくる間の宇宙空間での被ばく量）の見積もりは1シーベルト（1000ミリシーベルト）です[2)]．

そうしたリスクのある業務に政府や国民がある個人を送り出すこと自体に問題はないでしょうか．志願していればいいのでしょうか．訓練していればいいのでしょうか．できる限りの安全対策を施していればいいのでしょうか．それともそうした条件を満たしていても認めるわけにいかない高リスクの業務というものがあるのでしょうか．

確かに他にもリスクをともなう公的性格の強い任務はあります．消防士，警察官，軍人などがすぐに思いつくでしょう．あるいは，南極，深海などの有人探査も，学術目的のためにリスクのある業務を行うという意味で火星ミッションと性格が近いです．火星ミッションにともなうリスクの多くはこれらの業務とのアナロジーで正当化できるかもしれません．しかし放射線被ばくはどうでしょうか．

放射線作業従事者の被ばく線量限度は日本では電離放射線障害防止規則などいくつかの規則で定められています．それらの規則によれば，通常作業については5年で100ミリシーベルト，1年で50ミリシーベルトを超えてはなりません．また，事故の処理などの緊急作業についても100ミリシーベルトを超えてはならないとされています．福島第一原発の事故対応については一時的，例

2）保田浩志の見積もりによります．
保田浩志：宇宙で被ばくする放射線の量とそのリスク．京都大学宇宙総合研究ユニット 第4回シンポジウム，2011. https://www.usss.kyoto-u.ac.jp/etc/symp4/usss_yasuda.pdf（最終確認日 2019.9.5）

外的に被ばく線量限度が250ミリシーベルトに引き上げられました．また，目の水晶体などの被ばくについては近年になって白内障への影響の大きさが認識されるようになり，以上の規則とは別に許容線量が定められています．

現在予測される火星ミッションでの総放射線被ばく量は，国内の法令での緊急事態に認められる線量限度も大幅に超えます．放射線被ばくは本人のスキルでリスクが低減するようなものではなく，訓練はあまり意味がありません．防護対策についても，1000ミリシーベルトというのは可能な防護対策を前提とした上での見積もりであり，安全対策にも限界があります．こうしたリスクのある業務への志願者がいた場合どうするか，ということについて参考となる事例が，福島第一原発の事故のあとの対策です．原発事故後，危険な状況が続いていた時期に高線量作業への志願者はいました（福島原発行動隊など）が，認められませんでした．

さて，以上のような問題背景を説明したあと，授業で以下のような質問をしてみました[3]．「地上での放射線作業についての線量限度は火星ミッションでの放射線被ばくにも準用されるべきだろうか．ノーと答えた場合，地上の放射線作業と火星ミッションを分けるポイントは何だろうか．また，イエスと答えた場合，有人火星ミッションは禁止すべきということになるだろうか．民間で勝手に火星に行くのも禁止すべきだろうか．」回答総数138に対し「ノー」68人，「イエス」68人と同数（その他2）でした．

ノーと答える理由としては，「地上での放射線作業が特異的であるのに対し，火星では放射線を浴びる状況が通常です．そのため地上とは基準を変えるべき」ということや「火星ミッションは普段の放射線作業と比べて圧倒的なまでに人類のさらなる発展に寄与する可能性を秘めているから」といったことがあげられました．

また，イエスの側の理由としては，「地球の放射線基準量をそのまま適用した方がよいかはわからないが，火星だから人間は被ばくしてもよいという論理は成り立たない」といった答えや，「今後人類は早かれ遅かれ宇宙進出するこ

3）以下紹介するアンケートは2017年6月13日の京都大学全学共通科目「宇宙総合学」の授業でとったものです．

とになると思われる．そこで地上と宇宙との間に差異をつくってしまうと，差別意識が生まれてくるのではないかと危惧する」という答え，また，「福島への事故後に高線量作業への志願者がいたのにもかかわらず認められなかったという例があるなら，火星ミッションでも準用されるべきだと思った」といった答えもありました．イエスと答えた68人の大半が民間での火星ミッションにも同じ制限をつけるべき，という意見でした．

これは，どれかが単純に正しくてどれかが間違っているというものではもちろんありません．しかし，宇宙では「放射線を浴びるのが通常だから」宇宙空間での線量基準値を高くしていい，ということを理由としてあげたら，「放射線を浴びるのが通常」であるような他の場所についても同じ判断をしなければ整合的ではありません．そうすると，原子炉の中も放射線量が高いのが通常だから線量の基準を上げましょう，といった理屈が成立することになります．逆に，同じでいいという人も，どんなときも放射線防護の基準値が一緒でいいのか，いろいろな事例を考えてみる必要があります．このような考察をするのが倫理学の思考法の一例となります．

6.3 他の天体の風景の価値

次に，「人類は他の天体を現状維持する義務をもつだろうか」という問題を考えてみましょう．人類が将来宇宙進出していくとしたら，どのような形をとるでしょうか．スペースコロニー（つまり地球の近傍に建設される大人数が住める巨大な人工物）でしょうか．他の惑星や衛星に建設される地下都市やドームに覆われた都市でしょうか．子どものころに「機動戦士ガンダム」と出会った私たちの世代は，ついスペースコロニーに親近感をもってしまいますが，建設のコスト，安全性の問題，維持の大変さなどを考えるとあまり現実的な選択肢とはいえません．地下都市やドーム都市も，スペースコロニーほどではないにせよ，建設コスト，安全性，維持の大変さの問題をかかえます．

こうした選択肢とならんで一つの可能性として長年考察の対象になっているのがテラフォーミング，すなわち惑星の環境を改変して地球に近いものにし，防護しなくても住めるようにするという考え方です．テラフォーミングも様々なパターンがありますが，一番素朴なパターンは，惑星1個丸ごとを地球と似た環境にし，宇宙服を着なくても生活できるような場所にするという考え方です．これは1960年代ごろから可能性として検討され始めました．当初は，金星が，地球と大きさも似ていて距離的にも近いということでテラフォーミングの研究の対象となり，米国の天文学者，カール・セーガン（Carl E. Sagan）もこれについて論文を書いたりしています．しかし，実際に調べてみると，現在の金星の大気の状態を地球の大気に近づけるのは相当大変だということがわかり，あまり議論されなくなっています．

近年では，むしろ火星が検討の対象となってきています．火星の場合も，もちろん簡単にテラフォーミングができるわけではありませんが，技術的なハードルは金星よりかなり低くなります．将来，本気で人類が火星に移住するとかいう可能性を考えるのであれば，火星にドームや居住ユニットをつくってその中で暮らすという選択肢ばかりではなく，火星全体をテラフォーミングして地球型に環境改変するという選択肢も考えるべきでしょう．

火星の住みにくいポイントとして，まず，気温の低さがあげられます．これについては，現在，地球上で起きている地球温暖化についての知見が利用できます．人類が惑星を温暖化させるのが得意だということが，こんな意外なところで役に立つわけです．温暖化の方法は，温暖化ガスを放出することです．二酸化炭素がもちろん代表的な温暖化ガスですが，温暖化効率ということでいえば，フロンなど，もっと効率的な気体もあります．

大気中の酸素が少ないことも人類の居住には不都合です．これは，火星にもともとある二酸化炭素を気化して，それを光合成などして酸素に変換していくということが考えられます．それから，液状の水がないことも問題ですが，H_2Oが存在すること自体は確認されているので，それを液状にすればよいでしょう．温度が上がってくれば，液状の水を回復することも可能です．

以上のように，火星のテラフォーミングは現在の技術の延長線上で可能です．問題は時間で，現在の見積もりでは，火星を以上のような方針でテラフォーミングして人間が住める環境にするには数百年単位の時間がかかるとされています．もちろん，実際に必要ということになれば，技術革新が進んで大幅に短縮される可能性はあります．たとえば，ヒトゲノムの解析も，開始時点では

「これは何十年かかるかわからない」と言っていましたが，実際に始めてみると，いくつか巨大な技術革新が起きて，ほんの十数年ぐらいのスパンで実現してしまいました．こういうことも考慮に入れるなら，火星のテラフォーミングはもしかしたらかなり現実的な選択肢かもしれません．

さて以上は技術的な可能性の話ですが，この話を聞いたとき，倫理学の観点からは，果たしてこんなことをやってよいのだろうか，こんな勝手な環境改変をしてよいのだろうかという疑問が生じます．やってよいかどうか，という問題の一つの視点は法律的に許されるかどうかです．しかし，「法律」とよばれるものは基本的に国内法であり，どこの国の領土でもない宇宙のことに直接あてはめることはできません．それに代わるものとしては「宇宙条約」（1966 年に国連で採択，1967 年発効）とよばれる条約があります．国際条約は国内法ほどの拘束力はありませんが，批准国においてはそれなりの拘束力をもつのは確かで，宇宙条約は日本を含めた宇宙開発国の多くが批准しているという意味で，宇宙で何をすることが許されているかを考える上では間違いなく一つの基準点にはなります．

その宇宙条約の中に，以下のような条項があります．

> "States Parties to the Treaty shall ... conduct exploration of them [the moon and other celestial bodies] so as to avoid their harmful contamination and also adverse changes in the environment of the Earth resulting from the introduction of extraterrestrial matter and, where necessary, shall adopt appropriate measures for this purpose."
>
> (Article IX)

"exploration of them" というのは「それらの探査」ということですが，その前から読むとこの them は「月と他の天体」をさしていることがわかります．そして，そうした探査の際に気をつけるべきこととして，"so as to avoid their harmful contamination"，すなわち，有害な汚染を避けるべきであると定められているわけです．また，後半では地球の環境に負の影響を与えるような地球外の物質を持ち込んではならない，と規定されています．これは地球環境のことしか述べていないので，火星のテラフォーミングには適用できません．

では，前半部分でいうところの「有害な汚染」にテラフォーミングがあてはまるかどうかはどうでしょうか．人類にとってみると，有害な環境を人類にとって有害ではない環境に変えているわけですから，むしろ無害化しているという言い方もできるかもしれません．もちろん，有害の「害」をどうとるかによって「有害な汚染」と言える可能性がなくもないですが，少なくともこの条約そのものからは，テラフォーミングに対する強い反対はでてきそうにありません．

しかし，私たちが何をすべきか，何をしてもよいかという問いは，法律的に許されるかどうかにはつきません．実際，環境改変ということに関して，私たちは地球上で非常に敏感です．これは倫理学の中でいえば「環境倫理学」という分野で論じられている話題です．環境に対して何をしてよいのか，何をしてはいけないのかについての私たちの倫理観はここ数十年で大きく変化しました．

宇宙条約が結ばれた1960年代には環境問題といえば公害問題で，人類に対して害がある有害物質を環境中に排出することが問題視されました．しかし，1980年代ごろから後の環境問題は，誰か特定の人が環境を汚染するというタイプの問題ではなくなってきています．環境倫理学の教科書では，現代の環境問題は「共有地の悲劇型」だと形容されることがあります．共有地の悲劇というのは，誰か特定の人が汚染をするのではなく，小さな環境負荷の集積効果が破滅的な影響を及ぼす状況をさし，地球温暖化やオゾン層破壊が代表例です．

もう一つの変化として，環境保護運動の中での，環境そのもののとらえ方もだいぶ変わってきました．特に生態系や生物多様性については，人間にとって役立つかどうかと関係なく，それ自体として何かの価値をもつものとしてとらえる考え方が有力となっています．これは，環境問題が共有地の悲劇型になってきたことと無関係ではありません．共有地の悲劇型の問題は，明確な加害者と被害者を特定することが難しいため，加害者を被害者が訴えるというような形で歯止めをかけるのが難しいのです．他方，生態系そのものが価値をもち，したがってそれを失うことが害なのだ，というような理屈を立てることができれば，具体的な被害者を探さなくてもその生態系を守ることができます．おそらくこのような理由から，生物多様性に関する条約などでも，「生物多様性は固有の価値をもつ」といったことが宣言されます．

そこでいう「固有の価値」は倫理学で「道具的な価値」と対比してよく使われる概念です．道具的な価値があるものとは，何かの手段として価値があるものです．お金はその典型で，たとえば，1万円札がそれ自体で価値をもつわけではなく，それを使っていろいろなことができるからお金に価値があります．

それに対して，人間の幸せは，何かの手段として価値があるのか，と考えると，何か奇妙な感じがします．つまり，人間が幸せになることとは，それ自体に価値があることだと考えられているわけです．これは固有の価値をもつもの，と言うことができます．

私たちが何に固有の価値を認めているかの判断は難しいところです．固有の価値をもつものは同時に，何らかの道具的な価値をもつことが多く（精神的に幸せであることで病気にもなりにくいとか），お金のように道具的な価値しかないはずのものでもそれを獲得するのが自己目的化しているように見える人もいたりします．そのため，固有の価値と道具的価値の区別を日常生活で意識するのは難しいところです．

倫理学においては，私たちがあるものに固有の価値を認めるかどうかを判別するテストが開発されてきました．たとえば，以下のような思考実験があります．あるものを破壊するときに，特にコストはかからないけど，破壊することから得られる利益も特にないとします．そういうときに，破壊しても，破壊しなくても，どちらでも変わらないと思うのであれば，固有の価値は認めていないことになります．しかし，この条件のもとでは破壊しない方がいいと積極的に思うならば，これは固有の価値を認めているということになります．

もう少し具体化すると，たとえば，人類が滅亡寸前の状態にあり，自分が最後の一人だと想定します．そこで，たとえば，昔からある仏像を爆破するスイッチが目の前にあるとします．自分が死んだ瞬間に，その爆破するスイッチが作動して，その仏像が破壊されても，それを悲しむ人は誰も世の中に残っていません．鑑賞する人も誰も残っていません．このような状況を想定してみましょう．このとき，もし自分が死ぬときにその仏像を破壊するようなスイッチを入れるべきではないと思うのであれば，それは仏像に人類が鑑賞して楽しむということとは独立の固有の価値を認めていることになります．入れても入れなくてもどちらでも一緒だという人は道具的な価値しか見いだしていない人でしょう．

実際にこうした思考実験をしてみると，様々なものが固有の価値をもつと多くの人によって判定されます．生態系，生物多様性についてはおそらくそのような結論が出るでしょう．あるいは，変わった地形，たとえば，グランドキャニオンなども，地球最後の人間が死ぬからといって破壊しない方がいいと判断されそうです．仏像などの文化財にももちろん同じような判断があてはまります．伝統芸能は人がいないと成立しないので少し思考実験を工夫する必要がありますが，これも似たような思考実験をすると，やっぱりそれも残した方がいいだろうという判断が出てくるでしょう．

ある種の目安として，非常に複雑なもの，規則性を備えたもの，他に同じようなものがないもの，出来上がるのに長い時間を要するもの，一度破壊するともとに戻すのが非常に難しいものなどはこの思考実験で固有の価値を認められやすいです．仏像やグランドキャニオンはこれらの条件のうち複数を満たす（グランドキャニオンは複雑で同じようなものがなく，長い時間をかけて形成されて壊すともとに戻せない，など）ので，固有の価値を認められやすいのです．

こういう背景知識をもとに，では，火星の環境の固有の価値について私たちはどう判断するだろうか，ということを考えてみましょう．火星には地球では見ることができない独特の風景があるのは間違いないでしょう．火星探査機の画像はNASAが公開しているものが各種ありますが，そうした画像は火星の地形が非常に多様性に富むことを示唆しています（図6.1，6.2）．そして，これは長い歴史をかけて形成されてきたもので，しかも，テラフォーミングのプロセスを始めてしまうと，そうした地形をもとに戻すことはできなくなるでしょう．このように考えるなら，火星の風景は先ほど目安としてあげた条件をかなり満たしそうです．

ところで，こういう思考実験は，いったい何を調べているのでしょうか．少し回り道になりますがちょっとそこを説明しましょう．倫理学者はこうした実験で調査される対象を「倫理的直観」とよびます．「直観的」というと，日常語ではあまり考えないでというニュアンスがありますが，倫理学では，むし

図 6.1　火星探査機キュリオシティーから見た風景（NASA）
2015 年 5 月 10 日．http://www.nasa.gov/jpl/msl/pia19662/unfavorable-terrain-for-crossing-near-logan-pass より（最終確認日 2019.9.5）．

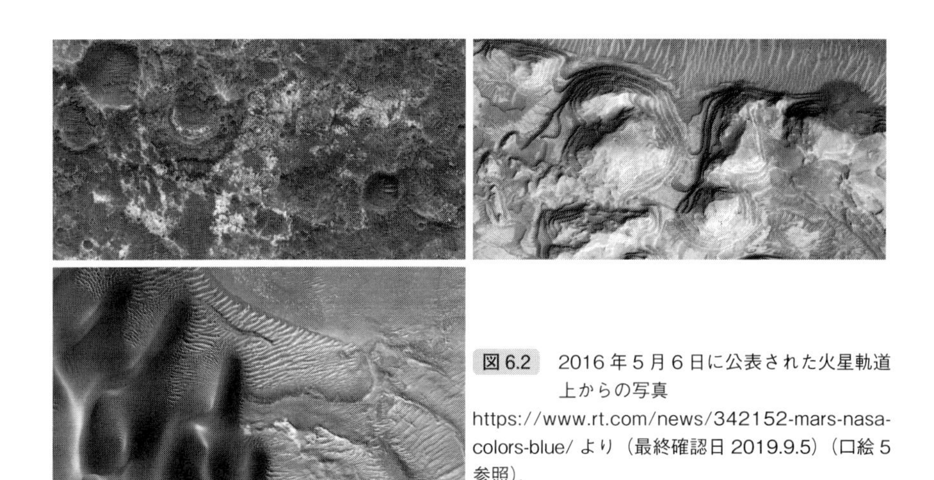

図 6.2　2016 年 5 月 6 日に公表された火星軌道上からの写真
https://www.rt.com/news/342152-mars-nasa-colors-blue/ より（最終確認日 2019.9.5）（口絵 5 参照）．

ろ，よく考えた上で洗練したものを倫理的な直観とよびます．つまり，様々な情報を得て，よくよく考えた上で，やっぱりこれは大事だ，これをしてはならない，などといって下す判断のことであり，倫理の基礎になります．この意味での直観は正当化が難しいところです．「なぜあなたはそう判断したんですか」と言われたときに，究極的には「とにかく私はそう判断しています」としか言いようがありません．

では，そんなものに頼るのはやめようと思うかもしれませんが，私たちの倫理生活は様々な場所で直観に依存しており，これ抜きには倫理は成り立ちません．たとえば，固有の価値をもつと思われるものの例として「幸せ」をあげましたが，なぜ幸せは大事なのかと問われても，理由をあげて，「○○だから幸せは大事だ」と言えるかというと，なかなか難しいところです．他方，幸せは大事だという，私たちが強くもっている直観なしで私たちの社会は成り立つのかというと，これは非常に難しいところです．

さて，以上のようなことをふまえて，結局倫理的な思考実験で何をしているかを整理すると，これは，私たちにとって何が大事なのか，何が譲れないのか，どんなことの価値観が共有できて，どんなことに関しては価値観は共有できないけれども尊重せざるを得ないと互いに思い，どんなことについては相手の価値観を尊重できないと思うのか（差別的な価値観をもつ人に対しては尊重するわけにはいかない，など），そうしたことをこうした思考実験を通して洗い出すのです．そして，そうした互いの価値観をふまえて，一番自分たちの良心に恥じない選択をするというのが，私たちが最終的にやらざるを得ないことでしょう．

さて，それでは実際に火星のテラフォーミングについて，倫理的な思考実験をやってみましょう．

「あなたの目の前に一つのボタンがある．これを押すと火星の特徴的な地形はすべて地ならしされてしまうが，地ならししたからといってそれをなにかに利用する予定は何もない．地ならしのための装置はすでに設置済みで，押しても押さなくても追加のコストはかからない．ただし，この決定は先延ばしはできず，押しても押さなくてもこれが最終的な決定になる（つまり『あとで必要になったら押す』という選択肢はないものとする）．

このとき，あなたは火星の現在の風景を破壊してもしなくてもどっちでも変わらない（ボタンを押しても押さなくてもいい），と思うか，それなら火星の現在の風景を破壊しない方がいい（ボタンは押さない方がいい），と思うか．」

これについても授業の中で実際にアンケートをとってみました．回答総数138のうち，どちらでもよい13，押すべきでない115，押すべき8，その他2，といった結果になりました．

どちらでもよいという意見としては，たとえば「火星の原型を残すことに価値を見いだしているのは人間のみで，火星に人間は暮らしていないのだから，変化させないために何かする必要性も，変えるために行動する必要性も感じない」「人間の定住に特に不利益でないなら火星固有の風景などどうでもよい」という理由があげられていました．他方，押すべきでないという側は「破壊するときにはよくわかっていなかった問題も後に大きな問題になるかもしれない」「火星の地形，風景には学術的価値があるはず」「もし生物がいたら地形の変化で絶滅してしまうかもしれない」といった声がありました．押すべき，という答えは想定していませんでしたが，理由としては「すでに装置が設置済みだということは，装置を設置するまでの多大な労力を要したということである．現在ボタンを押さなければこれまでの労力が無に帰するならば，押す方が賢明な判断と考える」というようなことがあげられていました．

この思考実験は私たちが固有の価値を認めるかどうかを調べるためのものではあるのですが，答えを見るとなかなかそうはいっていないことがわかります．押すべきでない理由としてあげられたのは，未知の何かがあるかも，とか，生物がいるかも，といった，火星の風景以外の要因が多くありました．これは，火星の風景を維持することに，何か道具的な価値（たとえば火星の生命を維持するなど）があるのではないか，という推測があるからです．「学術的価値」は固有の価値とカウントするべきか，私たちの学術研究のための手段としての道具的価値と解釈すべきか微妙なところです．「押すべき」という意見も，「過去の投資を無にしない」という，火星の固有の価値とは違う要因が決め手になっています．このように，火星の風景の固有の価値（についての私たちの直観）をあぶり出すのはなかなか難しいですが，方法としてはこうした質問を少しずつ変えながら繰り返していくしかないでしょう．

6.4 人類の存続の価値

さて，最後に，私たちは人類を存続させる義務をもつかという，3つめのテーマへ移りましょう．火星探査が地上では許容されないような放射線被ばくをともなうものであったとしても，また，火星の現状維持に固有の価値があったとしても，そうした「害」よりもっと大事なもののためだったら，開発は許されるかもしれません．そうした，「もっと大事なもの」の候補として有力なのが人類の存続です．地球環境問題や人口問題のため，地球上における人類の存続は危機に瀕しているという言い方もできます．

また，地球に小惑星が衝突するという可能性もあります．地球は過去，何回か大絶滅を経験していますが，その中には，小惑星の衝突が原因のものもあると考えられています（第3巻第5章参照）．そうした衝突がいま起きれば地球上の人類は絶滅するか，少なくともいまの文明を維持することはできないでしょう．もちろん，そういうことがいますぐ起きそうだというわけではありませんが，可能性がゼロではない以上，地球だけでなく他の天体にも人類がいた方が人類の存続の確率は高くなります．

あるいは，太陽自体の寿命の問題もあります．太陽は数十億年後には巨大化して地球を飲み込んでしまうことが予想されます．太陽に寿命があるため，太陽系だけにいる人類は，太陽系の寿命までしか生きられません．そもそも人類がそれまで存続するかという問題はあるものの，一応人類が太陽系の外に出て行くべきだと考える理由にはなりうるでしょう．火星をテラフォーミングして移住することはもちろん太陽系の死滅への対策としてはあまり意味がありませんが，太陽系外へ進出していくためには，まず太陽系内の他の惑星や衛星に移住することは必要な最初のステップとなるでしょう．

こうした話をする際には，その大前提として，人類の存続に価値がある，ということが当然視されています．しかし，人類が滅亡するのは本当に悪いことなのか，悪いとしてそれはなぜなのか，これは考え始めるとなかなか難しい問いです．

第一に，人類が滅亡する際には多くの人が苦しむ，だから人類の滅亡は悪いことだ，というのは当然の答えとしてあるでしょう．しかし，それを理由としてあげるのなら，では，誰も苦しまない滅亡の仕方ならOKなのでしょうか．たとえば人類全員が寝ている間に，そっと死んでいくのならよいのでしょうか．あるいは，少子化がどんどん進んで最後のカップルが子どもをつくらなかったために滅亡する，というシナリオも苦しみは少なそうです．これは，実は，「多くの人が苦しむから，人類の滅亡は悪い」という答え方自体が，人類の存続を道具的な価値しかない（つまり，苦しみを減らすための手段として人類の存続が使われている）ことに由来します．一般に，道具的な価値しかもたないものは，上手にシナリオを組み立てれば，こういう反例をつくることができます．

あるいは，人類が存続したときに生まれてくるはずの人たちの幸福を未然に奪うから，人類は存続させた方がいい，という論じ方もあるでしょう．この場合，人類が滅亡するということと，未来の人たちが生まれてこない，ということは大体同義なので，先ほどのような反例をつくるのはちょっと難しいです．しかし，「生まれてくるはずの人たちの幸福を未然に奪うのはよくない」という同じ理由を別の文脈にあてはめると，いろいろおかしなことが出てくることがわかっています．たとえば，人口政策にこの理由をあてはめると，人口はどんどん増やすべきだという結論が出ます．子どもを産むか産まないかで迷っているカップルが産まないと決断するのも，その生まれてきたかもしれない子どもの幸福の可能性を奪ってしまうことになるので，この理屈をあてはめるなら，子どもができる可能性がある限り子どもを産み続けよ，という結論にもなりかねません．もちろん，人口が増えすぎればそれ自体で人類の存続を脅かすことになりますが，人類の存続が可能な範囲内では，地球がどんなに窮屈になろうと，まず人を増やせ，みたいな極端な結論も出てきかねません．「生まれてくるはずの人たちの幸福を未然に奪うのはよくない」という考え方は，こうした危険性をはらんでいます．

また別の見方をするなら，そもそも人類が存続すべき理由を探すという問題設定自体がおかしいのかもしれません．つまり，人類の存続がそれ自体で固有の価値をもつのだとすれば，人類を滅亡させてはいけない理由を他に探す必要はありません．実際，先ほどの思考実験の「火星の現在の風景」を「人類の存続」に置き換えたとして，ボタンを押しても押さなくてもどちらでもいい，という人はなかなかいないでしょう．

しかし，人類の存続に固有の価値があるとして，この価値は，いったいどのくらいの価値なのでしょうか．火星の風景の価値と比べて，果たして大きいのか小さいのか．そもそも固有の価値同士の大小をどうやって決めたらいいのか．これが次の問いとなります．

また，人類の存続とテラフォーミングの関係を考える際には，もう少し現実的な論点も考慮しておく必要があります．つまり，人類の存続のための手段として考えたときに，火星をテラフォーミングして移住するというのは本当にいい選択肢なのでしょうか．たとえば，地球の環境が悪化しているとしても，だから火星に移住しようというのはとうてい合理的な選択ではなく，環境改善の努力をする方がよほどコストやリスクを低く抑えられます．宇宙開発の議論をする際に，宇宙開発をしたい立場の人が議論をすると，現実的な選択との比較を飛ばしてしまうことが多いですが，理性的な議論においてはそこを飛ばすのはまずいでしょう．唯一，小惑星の衝突の可能性は他の選択肢ではなく火星への移住を選択する強い理由となりえそうです．

さて，以上の文脈をふまえて，人類の存続の価値を自分がどうとらえているか考えるために，以下の問いについて考えてみてください．

「『人類が滅亡すること自体は悪いことじゃないのでは？　もちろん普通の滅亡のシナリオではみんなが苦しんだり悲しんだりするからそれは避けるべきだけど，苦しみも悲しみもなく眠るように死んでいけるのであれば人類の滅亡自体は悪くないんじゃない？』と言う人がいたらあなたは同意しますか？　ノーの場合，この考え方のどこがおかしいか指摘してみてください．イエスの場合，ではなぜみんな人類の滅亡は悪いことだと思っているのか，考えてみて下さい．」

前 2 つのアンケートと同じ授業内でのこの質問への回答は，総数 139 のうち，同意できない 73，同意できる 58，その他 8 でした．同意できる，つまり人類の滅亡はそれ自体では悪くない，という答えが 4 割以上いたことはちょっと驚きでした．

同意できないという理由としては，「生きたいという気持ちは尊重されるべき」という答えや，「人類は宇宙の中であまり重要な存在ではないと思うが，存在する以上は最善を尽くして自分の存在を認め，受容しなければならない」という答えなどがありました．「人類全員が同時に苦しみもなく眠るように死んでいけるはずがない」という，思考実験の前提を否定するような答えもあって，それは確かにもっともなのですが，自分の価値観を見つめ直すという目的のために，そこの疑問はいったんわきに置いてほしいところです．

同意できるという側も理由はまちまちで，「地球環境のためにはむしろ人類はいない方がいい」という意見や「これまでも多くの種が絶滅してきたので人類だけが特別ではない」といった達観したものもありました．滅亡が悪いと思われている理由としては「人類を特別なものだと勘違いしているのではないか」という意見のほか，「種の保存の本能によってそう思わされている」という答えも多く返ってきました．この後者の答えについて補うなら，現在の進化生物学では，「種の保存の本能」のようなものが進化しうるという考え方は否定されています．「種」を守ろうと行動するような形質が仮に突然変異で発生しても，その行動を利用する他の個体に搾取されてすぐに淘汰されてしまうはずだからです．

さて，以上のような回答を見る限り，人類の存続に私たちが固有の価値を認めるかどうか，という問いにこのアンケート結果が直接答えてくれているわけではありません．この場合もやはり，たとえば「環境のためには人類が滅亡した方がいい」という人に対して，「人類が環境問題にもっと熱心に取り組むようになり，環境への影響がプラスマイナスゼロくらいになった場合を想像してみてください．その場合，人類は滅亡しない方がいいという答えになりますか，それとも滅亡してもしなくてもどちらでもいいですか？」などと質問してみると，その人の価値観がより明確になります．

では，こうしてある程度固有の価値を認められていることがわかったもの同士（たとえば「火星の風景」と「人類の存続」で，どちらの価値がどれだけ大きいか，という問いにはどう答えたらよいでしょうか．これと似たような問いは環境経済学の分野で考察されてきていて，「仮想評価法」や「コンジョイント分析」とよばれる手法が開発されています．これらの手法は，簡単にいえば，あるものの存続のためにいくらまでなら出せるか，あるいはいくら受け取ればそれが破壊されることに同意できるか，というような質問をいろいろ組み合わせることで，価値の大小を調べるというやり方です．宇宙開発についても，こうした手法を利用した社会調査（1 万円の税金を自分が振り分けるとしたら宇宙開発にどのくらい振り分けるか，といった質問で宇宙開発の相対的重要性を測る調査など）が行われています（藤田・太郎丸，2015）．

本章で取り上げた問題は，それぞれ簡単に答えはでないですし，火星ミッションやテラフォーミングなど，すぐに考えなくてもよさそうに見える問題も含まれます．しかし，民間の参入などによって宇宙開発に新しい時代が来ているのは確かであり，火星ミッションは意外に早く実現するかもしれません．実際にそのときが来てから考え始めたのでは遅いです．私たちは宇宙探査や宇宙開発に何を求めるのか，宇宙探査・開発をなぜ行うのか，頭の体操のつもりでいまのうちから考えておくことは，決して無駄ではないでしょう．

引用文献

稲葉振一郎：宇宙倫理学入門，ナカニシヤ出版，2016.

呉羽　真ほか：宇宙倫理学研究会：宇宙倫理学の現状と展望．宇宙航空研究開発機構特別資料：人文・社会科学研究活動報告集：2015 年までの歩みとこれから，pp.37–61，2016.

呉羽　真ほか：将来の宇宙探査・開発・利用がもつ倫理的・法的・社会的含意に関する研究調査報告書．京都大学「知の越境」融合チーム研究プログラム（SPIRITS）学際型課題「将来の宇宙開発に関する道徳的・社会的諸問題の総合的研究」，京都大学宇宙総合学研究ユニット，2018．http://www.usss.kyoto-u.ac.jp/etc/space_elsi/booklet.pdf（最終確認日 2019.9.5）

藤田智博・太郎丸博：宇宙開発世論の分析：イメージ，死亡事故後の対応，有人か無人か．京都社会学年報，23:1–17，2015.

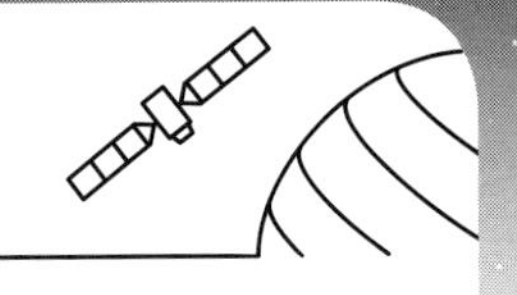

あとがき——宇宙総合学の誕生

小山勝二

宇宙総合学研究ユニット（通称：宇宙ユニット）は2008年3月28日に誕生した．その誕生は京都大学総合博物館の特別展示「京の宇宙学—千年の伝統と京大が拓く探査の未来」の開催（同年4月9日～8月31日）に端を発している．上記の企画の歴史的背景は「京都で約1000年前，陰陽師の安倍晴明の息子，吉昌が星の大爆発（超新星）を観測し，歌人の藤原定家がその記録を『明月記』に残し，1000年経過したいま，京都大学の私たちがその超新星の残骸を観測し，大きな科学的成果を得た」であった．いかにも1000年の悠久の都，京都にある京都大学らしい背景ではないか．京都市観光局の標語「日本に京都があってよかった」を拝借して，私は「日本に京都大学があってよかった」としたが，この標語は当時の尾池和夫総長にも気に入っていただいた．

宇宙ユニットは松本紘理事（当時）の発案だった．彼の強い要請に押し切られ，小山が宇宙ユニット長を引き受けることになった．これと並行して宇宙ユニットと宇宙航空研究開発機構（JAXA）の間で連携協力の協定が結ばれた．こうして宇宙ユニットは誕生した．

ここまでの経過を見る限り，宇宙ユニットは順風満帆に誕生を迎えたようにみえる．しかし内情を明かすと実に難産だった．難産の原因に言及すると本題からそれるし，宇宙ユニットの誕生悲話ともいうべきで，恥をさらすようだが，あえて簡単に述べる．

宇宙ユニットの構成員は所属する全部局の承認がなければならないという学内規則があった．関係する複数の部局長とお会いしてすべてから快い承認をいただいた．もっとも多く研究者が参加することになっていた理学研究科に宇宙ユニットの受入部局になってもらおうとお願いにあがった．ところが理学研究科の執行部の先生方は宇宙ユニットが理学部内に治外法権を持つ組織になり学部自治を侵すのではないかと，いかにも伝統的なDNAの持ち主の集団らしい思想で，宇宙ユニットに理学研究科の軒先を貸すことに反対された．さらに小山こそ治外法権をたくらむ張本人であるというとんでもない誤解と杞憂まであったようだ．当時，私と共に誕生の労をとってくれたT先生も「これでは宇宙ユニットの誕生は絶望的」と弱音を吐かれた．私は当時の理学部らしいDNAと発想法に対処する方法は心得ていたので，「大丈夫，絶対になんとかする」と言って，理学部執行部の全面的なサポートはあきらめても，反対はしないという最低限の妥協の末，この難産を乗り越えた．でも難産の後遺症はJAXAとの連携協力の実態に及んでしまった．実質的にJAXAの一機関，宇宙科学研究所（ISAS）との連携協力に「格下げ」になってしまったのである．

難産だったし，産後の肥立ちも順調とは言えなかったが，やがて宇宙ユニットは徐々に順調に成長しだし，時限部局（5年）の壁を見事に乗り越え，遂に10歳にまで成長した．その集大成の一つとして本シリーズ「宇宙総合学」のような立派な教科書の出版にこぎつけるに至った．ひとえに構成員の先生方全員の努力と奮闘の賜物と敬意を表するとともに，初代宇宙ユニット長としては大きな喜びをお伝えしたい．

宇宙ユニット誕生時には構成員は宇宙理学と工学にほぼ限られていた．発足の契機となった総合博物館の特別展「京の宇宙学」にからんで私たち理・工学者は「教科書」らしき本を書いた（松本編著，2009）．発足からずっと，私は文系の先生方にも広く参加していただき「総合学」に相応しい陣容にしたいと思っていた．この願いも徐々に，達成されつつあるようだ．今回，本シリーズがでたのはその象徴と思っている．このように分野横断的な研究組織をもつのは京都大学以外にはないだろう．宇宙ユニットを広い視野でさらに成長させていただくことを願ってやまない．京都大学の潜在能力をさらにのばすためにも，JAXAとの間でもっと実のある連携協定を再度結び，日本の宇宙開発の未来を切り開く先駆けになっていただきたい．

引用文献

松本　紘（編著）：京の宇宙学，ナノオプトメディア，2009.

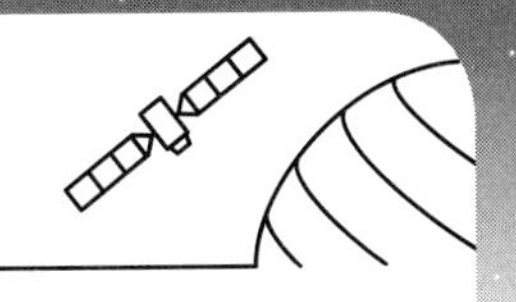

索　　引

欧　文

ア　行

カ　行

サ　行

タ　行

ナ　行

ハ　行

マ　行

ヤ　行

ラ　行

シリーズ〈宇宙総合学〉1
人類が生きる場所としての宇宙　　定価はカバーに表示

2019年12月10日　初版第1刷

編　集　京都大学
宇宙総合学
研究ユニット
発行者　朝倉誠造
発行所　株式会社　朝倉書店
東京都新宿区新小川町6-29
郵便番号　162-8707
電　話　03(3260)0141
FAX　03(3260)0180
http://www.asakura.co.jp

〈検印省略〉

シナノ印刷・渡辺製本

ISBN 978-4-254-15521-1　C 3344　　Printed in Japan